W0229098

BASTEI
LÜBBE

Über den Autor:

Paul Heiney ist Journalist. Er schreibt für die TIMES und moderiert seit 20 Jahren verschiedene Sendungen für die BBC (Radio und TV). 1990 kaufte er einen Bauernhof in Suffolk, den er traditionell bewirtschaftete, und schrieb ein Buch über seine Erfahrungen mit dem Landleben (in Deutschland erschienen als *Das Kosmos-Buch vom Landleben*), dem weitere Bücher über Landwirtschaft und seine Passion, das Segeln, folgten. Er lebt derzeit mit seiner Frau, der Autorin Libby Purves, in London.

Paul Heiney

Am Anfang
war das Huhn

Große und kleine Fragen an
das Leben und die Welt

BASTEI LÜBBE TASCHENBUCH
Band 60617

1. Auflage: Juli 2009

Vollständige Taschenbuchausgabe
der bei Ehrenwirth erschienenen Hardcoverausgabe

Bastei Lübbe Taschenbücher und Ehrenwirth
in der Verlagsgruppe Lübbe

Copyright © text Paul Heiney 2005
Originally published in English
by Sutton Publishing under the Title
»Can Cows Walk Down Stairs?«
The author asserts the moral right to be
indentified as the author of this work
Für die deutschsprachige Ausgabe
Copyright © 2007 by Verlagsgruppe Lübbe GmbH & Co. KG,
Bergisch Gladbach
Lektorat: Anke Stockdreher und Jan Wielpütz
Umschlaggestaltung: Gisela Kullowatz
Illustrationen: Copyright © 2005 by Bill Ledger
Satz: Druck & Grafik Siebel, Lindlar
Gesetzt aus der Gill Sans
Druck und Verarbeitung: CPI – Ebner & Spiegel, Ulm
Printed in Germany
ISBN 978-3-404-60617-7

Sie finden und im Internet unter
www. luebbe.de
Bitte beachten Sie auch: www.lesejury.de

Der Preis dieses Bandes versteht sich einschließlich
der gesetzlichen Mehrwertsteuer.

Inhalt

Einführung

Der französische Philosoph und Anthropologe Claude Lévi-Strauss (*nicht* der Erfinder der Jeans), dessen komplexe Strukturalismustheorien meinem Verstand so fernliegen wie das Kleingedruckte in einem Versicherungsvertrag, hat einmal gesagt: »Die Aufgabe des wissenschaftlichen Geistes besteht nicht so sehr darin, die richtigen Antworten zu geben, als vielmehr die richtigen Fragen zu stellen.« Dass selbst eine Autorität wie Lévi-Strauss so eine Ansicht vertritt, ist für mich eine große Erleichterung: Verrückte Fragen habe ich zur Genüge – die Antworten sind es, die mir Probleme bereiten.

Ich weiß nicht mehr über Wissenschaft als das, was ich in der Schule gelernt habe, und das war gerade so viel, dass ich für den Rest meines Lebens frustriert sein werde, weil ich nicht mehr weiß. Irgendwie bin ich immer zwei Photonen entfernt von einer befriedigenden Antwort auf all die fundamentalen und faszinierenden Fragen, die das Leben aufwirft. Eine überzeugende Antwort auf eine wissenschaftliche Frage ist elegant und befriedigend, aber wenn man nur sehr vage über die involvierten Prinzipien Bescheid weiß und deshalb keine Antwort geben kann, ist das frustrierend. Wenn Sie mich zum Beispiel fragen, warum Satelliten in ihrer Umlaufbahn bleiben, dann weiß ich, dass dies irgendwie mit Newtons Bewegungsgesetz zu tun haben muss – stimmt doch, oder? Hat auch der Drehimpuls etwas damit zu tun? Und – könnte ich Drehimpuls überhaupt definieren? Nein, das kann ich natürlich nicht. Und genau da liegt das Problem: Es ist immer leichter – und spaßiger –, sich Fragen auszudenken, als vollständige und richtige Antworten zu geben.

Folglich bin ich Mr Lévi-Strauss dankbar, weil er mir zugesteht, nach dem Warum zu fragen und die Plackerei mit der Antwort einem anderen zu überlassen. Wenn es Ihnen ähnlich geht, keine Sorge – Lévi-Strauss bestärkt uns darin, dass unsere Fragen für die Wissenschaft wesentlich sind.

Wir gelegentlichen Sucher nach der wissenschaftlichen Wahrheit sind nur ein Teil jener Meute fragender Menschen, die voller Verzweiflung zum Telefon gestürzt sind oder sich ins Internet eingeloggt haben, um die Superhirne anzuzapfen, die bei einem in London stationierten Frage-und-Antwort-Service namens »Science Line« saßen. Dieser Dienst war von einer besorgten Regierung ins Leben gerufen worden, alarmiert durch die Tatsache, dass junge Menschen zunehmend moderne Medien, Geisteswissenschaften und Sport studierten und sich anscheinend von den Naturwissenschaften abwandten. Es stand zu befürchten, dass künftige Generationen in Großbritannien die Zahl Pi für einen Teil des Lehrplans für Lebensmitteltechnologie halten würden.

Die Regierung beschloss, etwas gegen diesen Missstand zu tun. Sie richtete einen kostenlosen, jedem Menschen zugänglichen Telefon- und Internetdienst ein, der Jung und Alt sämtliche erdenklichen Fragen beantworten sollte. Natürlich musste es ein paar Spielregeln geben. So war eine sehr komplexe Frage wie zum Beispiel die, warum Licht einem schwarzen Loch nicht entkommen kann, völlig in Ordnung, absolut unwissenschaftliche Fragen hingegen, wie zum Beispiel »Was bedeutet das ›los‹ in ›Was ist los?‹«, wurden strikt nicht beantwortet. Ebenso verpönt waren Anrufe von Betrügern, die sich von dem Service ihre Hausaufgaben machen lassen wollten.

Hinter dem allwissenden Superhirn stand ein kleines Team von Enthusiasten, hauptsächlich junge Wissenschaftler aller möglichen Fachrichtungen; jeder von ihnen konnte

Antwort auf die immer wiederkehrenden Fragen geben, die nichts weiter erfordern als wissenschaftliches Grundwissen, wie zum Beispiel »Warum ist der Himmel blau?«. (Kurzantwort: Blaues Licht streut mehr als alle anderen Farben des sichtbaren Lichts, weil es die kürzeste Wellenlänge hat, ist folglich in größerer Menge vorhanden, und deshalb erscheint der Himmel blau.) Solch eine Frage führt oft unabwendbar zur nächsten, und sei es aus dem Grund, dass der Fragesteller klüger erscheinen will als der Antworter. So ein Klugscheißer schließt womöglich direkt die nächste Frage an: »Wenn der Himmel wegen der Lichtstreuung blau erscheint, warum ist dann der Sonnenuntergang rot?« (Kurzantwort: Weil das Licht der Sonne, das wir als Sonnenuntergang sehen, durch eine dichtere Atmosphäre kommt, die das blaue Licht absorbiert.) Ein besonders fruchtbarer Geist mag noch hundert weitere Fragen ersinnen – aber wir wollen es an dieser Stelle gut sein lassen.

Manche an Science Line gestellten Fragen waren jedoch weit schwerer zu beantworten als die nach dem blauen Himmel. »Was ist der genaue Unterschied zwischen Henkins Vollständigkeitssatz der Logik erster Stufe und Gödels Theorem?« Wie bitte? Tut mir leid, aber in diesem Fall müsste man mir erst mal die Frage erklären, bevor ich die Antwort auch nur ansatzweise verstehen kann. Science Line ließ sich jedoch nicht aus der Fassung bringen, auch nicht durch Fragen wie »Können Sie mir eine Methode beschreiben, um die Konfigurationen des Elektrons zu bestimmen?« – klingt übrigens verdächtig danach, als wolle sich jemand seine Hausaufgaben machen lassen. Statt sich ratlos am Kopf zu kratzen, suchten die Fachleute Kontakt zur großen Wissenschaftsgemeinde und fragten nach. Und das Ergebnis war, dass alle Antworten sich durch Fachkenntnis, Verständlichkeit und nicht selten durch Humor auszeichneten.

Und dann, als Science Line den Menschen als Ratgeber vertraut geworden war, entzog die Regierung ihre Mittel, und der Service starb eines friedlichen Todes. Auf der Website war die traurige Botschaft zu lesen: »Wegen Streichung der Mittel schließt Science Line am 26. September 2003. Es tut uns leid, aber wir können ab sofort keine Fragen mehr beantworten.«

Zum Glück hatten die jungen Wissenschaftler bereits vor der Schließung der Website und ihrer eigenen beruflichen Veränderung die Möglichkeit ins Auge gefasst, ein Buch zu veröffentlichen, das auf der ungeheuren Datenbank von Science Line beruhen sollte, die mittlerweile mehr als 16 000 Fragen und Antworten umfasste. An dieser Stelle kam ich ins Spiel, konnte jedoch zu diesem frühen Zeitpunkt nicht ahnen, wie viel Material, Wissen und reine Unterhaltung die Wissenschaftler gesammelt hatten. Ich hatte immer geglaubt, die geheimnisvolle Schatzkiste, in der Juwelen und kostbarer Schmuck verborgen liegen, sei nur in Kinderbüchern zu finden. Doch nun waren auf meinem Schreibtisch zwei dünne CDs gelandet, deren Inhalt wahrhaft verblüffend war. Ein wahrer Berg von Wissen türmte sich da auf, und es wäre ein Jammer gewesen, es in den Müll zu werfen. Fragen und Antworten würden nicht länger im Internet zu finden sein, aber warum sollten die interessantesten nicht in einem Buch zusammengestellt werden?

Kaum hatte ich mich in diese Megabytes des Wissens eingelesen, als mir klar wurde, dass ich hier Antworten auf Fragen fand, die mich schon mein ganzes Leben lang bewegt hatten. Ich wusste zwar schon, warum der Himmel blau war – ehrlich! –, hatte aber keine Ahnung, warum Fliegen immer um Glühbirnen herumfliegen oder warum Gelee aus frischer Ananas nicht fest werden kann. Jetzt weiß ich es. Ich begreife nun auch, wie das mit dem Spiegelbild funktioniert –

wussten Sie schon, dass es überhaupt kein »Spiegelverkehrt« gibt? Und sollten Sie jemals nachts wach gelegen und sich gefragt haben, ob Pinguine Kniescheiben besitzen, so werden Sie die Antwort in diesem Buch finden. Außerdem erfahren Sie, warum Kühe Treppen hinauf-, aber nicht hinuntersteigen können — auch dieses Unvermögen hat mit Kniescheiben zu tun.

Es ist ein großes Vergnügen, in diesen Fragen zu schmökern, nicht nur wegen der befriedigenden Antworten, sondern auch wegen der faszinierenden Querdenker oder Schelme, die Fragen stellen wie »Wie leicht kann man, wissenschaftlich gesehen, von einem Baumstamm fallen?« oder »Haben Bakterien Sex?«.

Die Auswahl der in diesem Buch gesammelten Fragen fiel nicht schwer — ich nahm nicht nur jene, die mich persönlich am meisten faszinierten, sondern auch solche mit überraschenden oder ungewöhnlichen Antworten. Die Auswahl wurde rein aufgrund der Unterhaltsamkeit getroffen, und damit meine ich nicht, dass man beim Lesen ständig in Lachen ausbrechen sollte, sondern dass sich dieses warme Gefühl einstellt, das man spürt, wenn man auf eine bohrende wissenschaftliche Frage eine verständliche Antwort bekommt. Zweifellos hätte ein anderer Herausgeber eine ganz andere Auswahl getroffen.

Die Fragen — dies möchte ich betonen — gehören den Menschen, die sie gestellt haben; die Erkenntnis, die wir durch sie erhalten, haben wir folglich ihnen zu verdanken. Des Weiteren möchte ich den Menschen danken, die mit unerschöpflicher Geduld Antworten gegeben haben, und meine große Bewunderung für den Dienst ausdrücken, den sie der Öffentlichkeit geleistet haben. Ich möchte bei dieser Gelegenheit ganz besonders herzlich Siân Agett (Biologie), Alison Begley (Astronomie und Physik), Duncan Copp (Autor von *Night Patrol*), Khadija Ibrahim (Genetik), Kat Nilsson (Biologie), Jamie McNish (Chemie), Alice Taylor-Gee (Chemie) und Caitlin Watson danken sowie den zahlreichen anderen Experten, deren Fachwissen die Genannten einholten, wenn ihr eigenes ausgeschöpft war.

Manche Ausführungen habe ich aus Gründen der Verständlichkeit überarbeitet und ergänzt, falls meiner Meinung nach weitere Erklärungen vonnöten waren. Aber im Grunde ist dieses Buch das gemeinsame Werk derjenigen, die die Fragen gestellt haben, und jener wenigen, die sich mit Leib und Seele der Aufgabe verschrieben haben, ihren Mitmenschen Antworten zu geben.

Ich hoffe, dass wir nach der Lektüre in der Lage sind, Mr Lévi-Strauss (wäre er noch am Leben) zu überzeugen, dass erst die Bewältigung der Fragen *und* der Antworten zum wahren wissenschaftlichen Geist führt.

1. Wo alles begann: Die Geheimnisse des Universums

Vom Atom bis zum Urknall

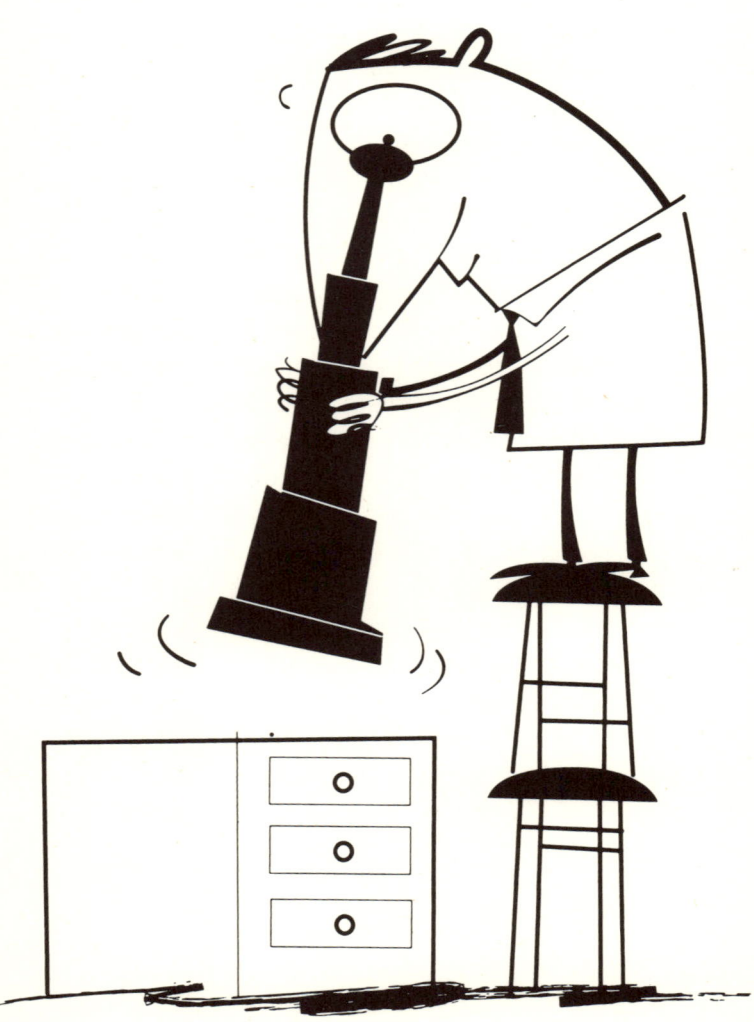

Wie sieht
ein Atom aus?

Das ist sehr schwer zu sagen, denn Atome sind so klein, dass wir sie selbst mit den stärksten Mikroskopen nicht sehen können. Aber die Wissenschaft hat eine neue Art Mikroskop entwickelt, um Bilder von Atomen zu gewinnen: Diese Maschinen können Atome *fühlen*, und zwar als eine Art Kribbeln, wie Sie es spüren, wenn Sie Ihre Handfläche nahe an den Fernseher halten, ihn aber nicht berühren. Dies ist sehr komplexe Nanotechnologie, doch selbst mit dieser cleveren Technik kann man das Atom nicht sehen. Könnten Sie es sehen, würden Sie in seiner Mitte einen winzigen Kern erkennen, den so genannten Nukleus, der aus Teilchen namens Protonen und Neutronen besteht. Protonen und Neutronen haben ungefähr die gleiche Masse. Protonen sind positiv geladen. Neutronen besitzen keine Ladung.

Das Wasserstoffatom war das erste Atom, das im Augenblick des Urknalls – dem Anfang unseres Universums – entstand, und zwar durch das Aufeinandertreffen eines Quarks (ebenfalls ein subatomares Teilchen) und eines Elektrons. Die Urknalltheorie zur Entstehung des Universums ist Gegenstand zahlreicher Bücher und beschäftigt die intelligentesten Forscher; in Kürze ausgedrückt besagt sie Folgendes: Die gesamte Materie des Universums war vor fünfzehn Milliarden Jahren unter hohem Druck und in großer Hitze zusammengepresst. Eine Explosion brachte diese Materie dazu, sich auszudehnen, und das tut sie bis auf den heutigen Tag.

Wenn **Atome** hauptsächlich
aus leerem **Raum** bestehen,
warum bleibt dann meine **Hand**
auf dem **Tisch** liegen
und fällt nicht hindurch?

Alles um uns herum besteht aus Atomen, sogar die Luft, die wir atmen. Der Unterschied zwischen der Atemluft und beispielsweise einem Tisch ist der, dass die Atome in der Tischplatte viel dichter gepackt sind. Folglich können Sie mit der Hand durch die Luft fahren – wobei Sie im Wesentlichen Atome beiseitedrücken –, aber nicht durch einen Tisch, weil dort die Atome keinen Platz haben auszuweichen. Es ist mit dem Versuch vergleichbar, einen Tennisplatz zu durchqueren, über den hunderttausend Bälle schwirren, oder einen mit lediglich hundert Bällen: Der erste Versuch wird allein durch die schiere Masse an Bällen beträchtlich erschwert. Aber nicht nur der Platz ist das Problem: Es gibt auch sehr starke Kräfte, die die Atome zusammenhalten. Und obwohl Atome hauptsächlich aus leerem Raum bestehen, verhindern diese starken Kräfte und die Dichte, mit der die Atome zusammenhängen, das Hindurchstoßen der Hand durch die Tischplatte. Es ist also nicht der Raum zwischen den Atomen, der Ihren Versuch vereitelt, sondern die Kräfte, die Atome aneinanderbinden.

Ich habe gehört, dass alle **Atome**
des **Universums** in eine **Streichholz-**
schachtel passen würden, wenn man
sämtlichen **Raum** um sie **entfernte.**
Stimmt das?

Das ist auch eines dieser Märchen, die man immer wieder
hört. Ich könnte Ihnen einfach sagen, dass es nicht stimmt,
aber Sie haben mehr davon, wenn wir es ausrechnen. Eine
exakte Rechnung wird das zwar nicht, aber wir bekommen eine Ahnung davon, ob an dieser »Universum in einer
Streichholzschachtel«-Theorie überhaupt etwas dran ist.
Und los geht's:

1. Wir müssen herausfinden, wie viel Platz die einzelnen
   Teile eines Atoms einnehmen. Der Einfachheit halber
   beschränken wir uns auf das Wasserstoffatom und rech-
   nen das Volumen eines Protons und eines Elektrons aus.
   Wenn wir voraussetzen, dass Elektron und Proton kugel-
   förmige Körper sind, berechnet sich ihr Volumen nach
   der Formel $V = 4/3 \text{ pi } r^3$.
   Volumen des Elektrons:
   Radius beträgt ugf. $= 2,82 \times 10^{-15}$ m,
   das ergibt ein Volumen von ugf. $= 1 \times 10^{-43}$ m^3
   Volumen des Protons:
   Radius beträgt ugf. $= 1 \times 10^{-15}$ m,
   das ergibt ein Volumen von ugf. $= 2 \times 10^{-44}$ m^3
   Das Gesamtvolumen von Proton und Elektron beträgt
   demnach ungefähr 1×10^{-43} m^3.

2. Nun nehmen wir das Volumen einer Streichholzschachtel:
   ungefähr 3×10^{-5} m^3.

3. Der nächste Schritt soll klären, wie viele Atome in diese Streichholzschachtel passen. Dazu dividieren wir das Volumen der Streichholzschachtel (3×10^{-5}) durch das Volumen des Atoms (1×10^{-43}) und erhalten 3×10^{38} Atome.

4. Im letzten Schritt vergleichen wir diese Anzahl von Atomen mit der Gesamtzahl an Atomen im Universum. Es gibt mehrere Wege, zu einem Ergebnis zu kommen. Im Universum gibt es ungefähr 100 000 000 000 000 000 000 Sterne – und das ist nur geraten. Wie viele Atome enthält ein Stern? Unmöglich zu sagen, aber wir können ja wieder raten. Wir behaupten einfach, die Sonne ist ein ganz typischer Stern und besteht gänzlich aus Wasserstoff. Die Masse der Sonne beträgt 2 000 000 000 000 000 000 000 00 0 000 000 kg. Die Masse eines Wasserstoffatoms beträgt 0,00000000000000000000000000017 kg. Eines durch das andere geteilt ergibt für die Sonne eine Zahl von 1 200 000 000 000 000 000 000 000 000 000 000 000 000 000 00 0 000 000 000 Atomen.

Multiplizieren Sie diese Zahl mit der Anzahl von Sternen im Universum, und das Ergebnis lautet: Die Anzahl der Atome im Universum ist eine 1 mit 77 Nullen.

Um der Frage auf anderem Wege beizukommen: Die Masse des sichtbaren Universums in Kilogramm ist eine 1 mit 52 Nullen. Das sind unserer Schätzung nach ungefähr 90 Prozent der Gesamtmasse des Universums, demnach müsste dessen gesamte Masse durch eine 10, gefolgt von 52 Nullen, ausgedrückt werden können. Dividieren Sie diese Zahl durch die Masse eines Wasserstoffatoms (der überwiegende Teil des Universums besteht aus Wasserstoff), und Sie erhalten eine 6 mit 79 Nullen, die Anzahl der Atome.

Diese beiden Zahlen sind einander ähnlich genug, dass man von einer wirklichkeitsnahen Schätzung ausgehen kann, und deshalb nehmen wir sie als fundierte Schätzung für die Anzahl von Atomen im Universum.

5. Wenn man die Antwort zu Punkt 3 mit der Antwort zu Punkt 4 vergleicht, wird klar, dass, selbst wenn alle Atome im Universum so klein wären wie das Wasserstoffatom, sie unmöglich in die Streichholzschachtel passen würden. Und da viele Atome größer sind als das Wasserstoffatom, würde die tatsächliche Anzahl, die in die Schachtel passt, geringer sein als jene, die wir in Schritt 3 ausgerechnet haben.

Wie viel Platz würden denn nun alle Atome des Universums einnehmen, wenn sie aus nur einem Elektron und einem Proton und keinem leeren Raum dazwischen bestünden? Das können wir herausfinden, indem wir das Ergebnis von Schritt 4 mit dem von Schritt 1 multiplizieren:

$$1 \times 10^{77} \times 1 \times 10^{-43} = 1 \times 10^{36} \text{ m}^3$$

Eine ziemlich große Streichholzschachtel!

Was ist **Zeit**?

Was möchten Sie hören: die Antwort eines Psychologen oder die eines Physikers? Ich nehme an letztere, aber dann machen Sie sich auf die Theorien Albert Einsteins gefasst, der einer der bedeutendsten wissenschaftlichen Denker der ersten Hälfte des 20. Jahrhunderts war und die Relativitätstheorie entwickelte.

Nach Einstein sind Raum und Zeit eng miteinander verbunden, was er anhand folgender Frage veranschaulichte: Es bedeute so ziemlich dasselbe, *wann* ein Ereignis stattgefunden habe und *wo* es stattgefunden habe. Er sagte, man könne die Welt nicht in Zeit und Raum unterteilen, sondern Zeit und Raum seien Teil derselben Entität, die er Raum-Zeit nannte. Die Raum-Zeit besitzt vier Dimensionen: drei, die die Position eines Individuums im Raum anzeigen, und eine, die für die Zeit gilt. Wenn Sie gehen, bewegen Sie sich durch die Raum-Zeit, und wenn Sie stillstehen ebenfalls (weil die Zeit weiterläuft). Unsere Erfahrung der Zeit ist das Ergebnis unserer Vorwärtsbewegung in der Zeitdimension der Raum-Zeit. Zeit ist also tatsächlich eine Dimension, der Unterschied zu den anderen Dimensionen besteht darin, dass wir dort die Richtung unserer Bewegung bestimmen können. Zeit jedoch kennt nur eine Richtung: nach vorn − es sei denn, man ist Dr. Who.[1]

Gab es eine »Zeit« zu Anbeginn der Zeit? Und was existierte vor dem Beginn der Zeit?

Wenn Sie an die Urknalltheorie über die Entstehung des Universums glauben (s. S. 25), bezeichnet die Explosion den Augenblick, als die Zeit begann. Wenn Sie sich eine Vorstellung des Zeitraums machen wollen, können Sie dieses Ereignis vor ungefähr fünfzehn Milliarden Jahren ansiedeln.

---

1 Dr. Who: In Großbritannien allseits bekannte, seit 1963 von der BBC ausgestrahlte Science-Fiction-Serie mit dem außerirdischen (namenlosen) »Dr. Who« und den köstlichen »Daleks«: tumben Robotern, die mit dem Ruf »Exterminate!« auf ihre meist erfolglosen Vernichtungsfeldzüge gehen. (Anm. d. Übers.)

Damals entstand sämtliche Materie sowie Raum, Energie und Zeit aus einem einzigen Punkt, den man Singularität nennt. An diesem Punkt ist die Zeit T = 0. Um die verzwickte Frage, was vor dem Urknall war, haben Kosmologen einen raffinierten Bogen geschlagen: Sie nehmen der Frage ihren Sinn – und drücken sich so um die Antwort. Sie behaupten, dass T keine negative Zahl sein kann, weil es so etwas wie negative Zeit nicht gibt; folglich ist es sinnlos zu fragen, was vor dem Punkt T = 0 passierte. Eine nützliche Analogie besteht darin, sich vorzustellen, man stünde am Nordpol und fragte: »Wo bitte geht's nach Norden?« Auch diese Frage ergibt keinen Sinn.

Was ist der Hauptgrund für **Gravitation?** Warum besteht zwischen zwei **Massen** eine **Anziehungskraft?**

Im 17. Jahrhundert formulierte Isaac Newton erstmals das Gesetz der Gravitation: Zwei Massen ziehen einander entsprechend ihrer Größe und ihrer Entfernung an. Es war eines dieser Naturgesetze, die durch Beobachtung und Experimente bestimmt und erst dann durch eine mathematische Formel ausgedrückt wurden. Über die eigentliche *Ursache* der Anziehung scheint sich zur damaligen Zeit niemand sonderliche Gedanken gemacht zu haben.

Erst im 20. Jahrhundert wandte sich Einstein wieder der Frage der Gravitation zu. Er setzte Gravitation und Beschleunigung eines Körpers gleich und entdeckte, dass ein Lichtstrahl in einem Gravitationsfeld abgelenkt wird. Da Licht keine Masse besitzt, konnte dieser Umstand durch Newtons Theorie nicht erklärt werden. Einsteins bedeutender Beitrag bestand darin zu zeigen, dass die Raum-Zeit tatsächlich durch die Einwirkung einer Masse gekrümmt werden kann. Stellen Sie sich eine schwere Kugel vor, die auf einem großen, straff gespannten Gummituch liegt: In der Nähe der massereichen Kugel würde sich der Raum krümmen, weiter von ihr entfernt jedoch flacher werden. Nur wenn Licht nahe an dem Massekörper vorbeikommt, wird sein Weg deutlich abgelenkt. Inzwischen sind Experimente durchgeführt worden, die zeigen, dass sich Licht tatsächlich in der Nähe einer Masse krümmt, getreu der Krümmung der Raum-Zeit.

Aber das ist nicht die richtige Antwort auf die eigentliche Natur der Gravitation, und niemand hat bis jetzt eine Theorie entwickelt, die uns ermöglichen könnte, sie zu beschreiben.

Ich weiß, dass die **Länge** von **Tagen und Jahren** von der Drehung der **Planeten** um ihre eigene Achse und ihrer **Umlaufbahn** um die Sonne abhängt. Doch wie kam es **überhaupt** dazu, dass sich die **Planeten** zu drehen begannen?

Um diese Frage zu beantworten, müssen Sie zum Ursprung unseres Sonnensystems zurückgehen, einer gewaltigen Gas- und Staubwolke, die sich unter dem Einfluss der Gravitation langsam zusammengezogen hat. Als der Staub sich mehr und mehr zusammenballte, prallten Teilchen aufeinander und das Zentrum des Gasballs wurde immer heißer, bis es heiß genug war, um eine Sonne zu werden. Als die Temperatur immer weiter anstieg, erreichte die Sonne einen Zustand, in dem sie »angeknipst« wurde wie ein plötzlich entzündetes Feuer. Diese Zündung bewirkte, dass Gas und Staub von der Sonne weggeschleudert wurden – das Rohmaterial zur Bildung der Planeten war entstanden.

Und nun zur Drehung. Es gibt ein Bewegungsgesetz namens »Drehimpulserhaltung«: Danach rotiert ein Körper umso schneller, je kleiner er wird. Eine Eiskunstläuferin beispielsweise dreht sich schneller um die eigene Achse, wenn sie ihre Arme an den Körper zieht und ihn damit verkleinert. Ebenso verhält es sich mit einer Kugel aus Gas und Staub: Eine anfänglich geringe Rotation nimmt mit Verkleinerung der Kugel zu. Während der Drehung eines Körpers schleudern die Zentrifugalkräfte dessen Mitte nach außen und ziehen die Ober- und Unterseite nach innen. Genau das ist mit der Staubkugel passiert, die schließlich von einer Kugel zu einer Scheibe wurde, die sich um die Sonne drehte. Aus dieser Scheibe bildeten sich die Planeten, und dies ist auch der

Grund, warum alle Planeten auf mehr oder weniger derselben Ebene die Sonne umkreisen.

Die ursprüngliche Gaskugel hätte nicht viel Drehmoment gebraucht, um die Rotation hervorzubringen, die wir in unserem Sonnensystem beobachten, allerdings wissen wir nicht, was die ursprüngliche Drehung hervorgebracht hat. Aber alle Körper im Universum rotieren, wenn sie die Möglichkeit dazu haben; von Galaxien bis zu Planeten – alles dreht sich.

Gibt es ein **Ende** für die **Existenz des Lichts,** oder anders ausgedrückt: Würde es sich bis in alle **Ewigkeit** ausdehnen, wenn ihm kein **Hindernis** in den Weg käme?

Die Antwort liegt in den Worten »wenn ihm kein Hindernis in den Weg käme«. Theoretisch würde sich das Licht ewig weiter ausdehnen, wenn es auf kein Hindernis träfe, aber das würde voraussetzen, dass Licht ein absolutes Vakuum durchquert, das es nirgendwo in reiner Form gibt. Licht ist Energie, und wenn ihm diese Energie nicht genommen wird, kann es ewig existieren.

Stellen Sie sich ein Photon vor, ein winziges Energiepaket, das von der Sonne ausgestrahlt wird. Falls es tatsächlich sämtlichen Planeten und Asteroiden und Kometen (mit anderen Worten, sämtlichen großen Objekten im Sonnensystem) ausweichen kann, gibt es immer noch genügend Staubteilchen von Kometen oder im All umhertreibende Wasserstoffatome, die dafür sorgen, dass dieses Lichtteilchen seine Energie verliert. Einige wenige Photonen jedoch überleben die lange Reise und fliegen in gerader Linie, bis sie auf ein Objekt treffen, es könnte beispielsweise Ihr Auge sein.

Und das ist dann das Ende des Photons, denn seine Licht-
energie wird in ein elektrisches Signal umgewandelt, das in
Ihr Gehirn wandert; auf diese Weise nehmen wir Licht wahr.

Viel häufiger passiert es, dass das Photon auf ein im leeren Raum schwebendes Atom trifft oder auf ein Atom in der
Atmosphäre eines Planeten oder auf ein Atom in einem festen Körper, zum Beispiel einem Felsen. Ein Teil seiner Energie
wird reflektiert – und führt dazu, dass wir Objekte sehen
können.

Der **Urknall** hört sich wirklich ziemlich
erschreckend an. War es wirklich ein **Knall**
wie bei einer **Explosion?** Und wenn
man damals dabei gewesen wäre, **hätte
man ihn hören können?**

Dies ist eine hypothetische Frage, auf die es keine befriedigende Antwort gibt. Aber wie wär's mit einer Theorie?
Schall, der sich mittels Schwingungen ausbreitet, braucht
ein Medium, durch das er fließen kann. Zum Zeitpunkt des
Urknalls war das Universum zwar eine Masse unendlicher
Dichte, aber es gab keine Partikel wie zum Beispiel Luftmo-
leküle; es ist also vorstellbar, dass der Schall sich deswegen
nicht ausgebreitet hätte. Aber wenn Sie eine bessere Theorie haben, könnte auch diese richtig sein.

Könnte man jemals **schnell genug reisen,**
um den **Urknall zu überholen?**
Ich meine, wenn man mit zweifacher
Lichtgeschwindigkeit reisen würde,
könnte man ihn überholen und den
Beginn des Universums miterleben?

Tut mir leid, Sie enttäuschen zu müssen, aber selbst wenn
Sie das mit der zweifachen Lichtgeschwindigkeit hinbekämen,
müssen Sie bedenken, dass der Urknall nicht nur sämtliche
Materie im Universum entstehen ließ, sondern auch den
leeren Raum. Warum uns das daran hindert, die Entstehung
des Universums zu sehen? Weil das Universum unmittelbar
nach dem Urknall nur ein kleiner, wenige Quadratmeter
messender Körper war. Wenn wir versuchen würden, über
seine Grenze hinauszureisen, gäbe es nichts, wohin wir reisen könnten, weil das Weltall noch nicht existierte.

Könnte es mehr **als einen Urknall**
gegeben haben, und gibt es vielleicht
andere Universen, die sich
aufeinander zubewegen?

Zum einen ist das Konzept eines sich ausdehnenden Universums sehr verzwickt und wird oft falsch verstanden. Das Universum dehnt sich nicht »in« den Raum aus: Dort draußen
gibt es nichts, das langsam von einem sich ausdehnenden
Universum gefüllt wird – es ist der Weltraum selbst, der sich
ausdehnt. Mit anderen Worten: Die Entfernung zwischen
zwei Objekten im Universum nimmt zu, aber die Objekte
selbst bewegen sich nicht. Deshalb ist es nicht möglich, dass
zwei Urknalle nebeneinander stattfinden.

Wollen Sie etwa behaupten, dass es **außerhalb des Universums** nichts gibt? Dieses muss doch selbst **Teil von *etwas*** sein.

Manche Fragen richten sich an Wissenschaftler, andere eher an Philosophen. Wie diese hier. Das Wort »Universum« bedeutet bereits *das Ganze*, deshalb kann nicht etwas darüber hinaus existieren, denn auch dies wäre ja Teil des Universums. Ich glaube, die Begriffsverwirrung rührt daher, dass wir den Begriff Universum benutzen, um alles zu beschreiben, was wir sehen können, während wir korrekterweise von einem »sichtbaren Universum« sprechen sollten. Natürlich gibt es jenseits des sichtbaren Universums vieles, was wir nicht sehen können, weil noch nicht genug Zeit vergangen ist, damit uns das Licht weit entfernter Objekte erreichen konnte. Das Universum ist ungefähr fünfzehn Milliarden Jahre alt, also können wir alles innerhalb einer Entfernung von fünfzehn Milliarden Lichtjahren sehen, weil uns das Licht dieser Objekte erreicht. Das Universum existiert eben noch nicht lange genug, als dass uns auch das Licht von Objekten erreichen könnte, die jenseits dieser Entfernung liegen.

Was das für uns nicht sichtbare Universum angeht, so sind wir bis zu einem gewissen Grad auf Vermutungen angewiesen. Wir können sagen, wie es aussehen *könnte*, weil seine Gravitation Auswirkungen auf uns hat, selbst wenn wir sie nicht sehen. Einsteins Gleichungen der allgemeinen Relativitätstheorie, die festlegen, welchen Einfluss die Gravitation auf den Raum hat, sind immer noch die beste Hilfe, um unser Universum in seiner größten Ausdehnung zu beschreiben. Nach ihnen ist der Weltraum entweder unendlich oder in sich gekrümmt. Wenn er unendlich ist, kann er nicht in etwas enthalten sein; wenn er in sich gekrümmt ist, hat er weder Anfang noch Ende. Diese Dinge sind mit unserem dreidimensionalen Denken schwer zu erfassen, aber stellen Sie sich doch einmal vor, Sie wären ein zweidimensionales Wesen und wanderten auf der Oberfläche einer Kugel herum. Sie können sich vorwärts und rückwärts, nach rechts und nach links bewegen, aber von einem Oben oder Unten fehlt Ihnen jegliche Vorstellung. Soweit es Sie betrifft, gibt es nichts außer der Oberfläche Ihrer Kugel. Dann würden Sie ewig auf dieser Kugel herumwandern, aber nie an ihr Ende gelangen. Und so ist auch unser Universum alles, was wir haben.

Dieser **Raum,** in den sich
das **Universum** ausdehnt, was ist das?
Ist er **reine Leere,** das Nichts?
Wenn ich eine **offene Schachtel** in den
Weltraum mitnähme, den Deckel schlösse
und sie wieder zur Erde brächte,
was wäre dann in dieser Schachtel?

Der Weltraum ist kein absolut luftleerer Raum. Selbst wenn wir irgendwie den interstellaren Staub und alle diese Kleinstpartikel loswerden könnten, wäre auf der Quantenebene immer noch etwas da – sich bewegende Quantenfelder, die ihren Ursprung im Gravitationsfeld des Universums haben. Also wäre in Ihrer Schachtel schon etwas drin. Raum ist nicht einfach »reine Entfernung«, sondern der Name, den wir den (fast luftleeren) Umgebungen geben, in denen sämtliche Galaxien enthalten sind; außerdem benutzen wir den Begriff, um das Gravitationsfeld des Universums zu beschreiben. Es ist etwas, was wir noch nicht ganz verstehen, deshalb taugt ein Name wie »Spielplatz für Himmelskörper« ebenso gut!

Was sind die so genannten **schwarzen Löcher** im Universum?

1783 wies der englische Astronom John Mitchell als Erster darauf hin, dass eine Masse möglicherweise ein so starkes Gravitationsfeld aufbaut, dass selbst das Licht ihm nicht entkommen kann. Wenige Jahre später kam der französische Mathematiker und Philosoph Pierre Laplace zu dem gleichen Schluss. Und als Einstein im Jahre 1915 seine allgemeine Relativitätstheorie vorlegte, war die Existenz schwarzer Löcher in greifbare Nähe gerückt. Der Begriff »schwarzes Loch« wurde 1967 von John Wheeler geprägt.

Es gibt keinen absoluten Beweis für die Existenz schwarzer Löcher, aber es gibt Beobachtungen, die darauf schließen lassen. Das erste schwarze Loch, das »entdeckt« wurde, war Cygnus X-1 im Jahre 1971. Obwohl niemand mit Sicherheit sagen kann, dass es ein schwarzes Loch ist, zweifelt kaum jemand daran.

Aber warum kann **Licht** nicht aus einem **Gravitationsfeld** entweichen? Licht »wiegt« doch nichts, wovon kann es dann festgehalten werden?

Die Erklärung schwarzer Löcher ist sehr schwer, wenn man lediglich Newtons Vorstellungen von Gravitation zu Hilfe nimmt. Diese funktionieren prächtig, solange es um alltägliche Aktivitäten wie Billard oder Ballwerfen geht – selbst Raketenstarts funktionieren nach Newtons Gravitationsgesetzen. Doch bei so komplizierten Sachverhalten wie schwarzen Löchern muss man berücksichtigen, was Gravitation mit dem Raum anstellt. Dies hat Einstein am Anfang des 20. Jahrhunderts getan: Seine Theorien über die Gravitation besagen, dass sie den Raum in Verbindung mit Zeit beeinflusst – die Raum-Zeit. Einstein sagte, dass Gravitation die Raum-Zeit krümmt, und deshalb könne auch das Licht vom geraden Weg abkommen. Der schnellste Weg von A nach B ist immer eine Gerade, oder auch nicht!

Vielleicht hilft Ihnen folgendes Beispiel beim Verständnis: Man sollte annehmen, dass ein Flugzeug von London nach Vancouver an der Westküste Kanadas quer über den Atlantik fliegt, aber so einfach ist das nicht. Es fliegt zuerst nach Norden Richtung Schottland und dann weiter nach Grönland, weil dies tatsächlich die direkte und kürzeste Route ist, obwohl es nicht so aussieht. Wir nehmen die Welt normalerweise als flach wahr – alle Landkarten sind flach –, und deshalb sieht es so aus, als sei die kürzeste Route die Gerade über den Ozean. Aber wenn Sie den Globus betrachten – der die wahre Natur der Erdkugel darstellt –, erkennen Sie, dass die kürzeste Route diejenige ist, die man als Großkreis über Grönland bezeichnet.

Mit der Raum-Zeit verhält es sich ebenso. Wir nehmen Raum als etwas Flaches wahr, und diese Sichtweise ist auch durchaus nützlich, solange wir nicht mehr wollen, als zum Mond zu fliegen. Doch sobald es um Bereiche des Raums geht, wo die Gravitation sehr stark ist – bei schwarzen Löchern zum Beispiel –, müssen wir ihren Einfluss auf die Raum-Zeit in Betracht ziehen. Stellen Sie sich ein Trampolin mit einem Gitternetz vor. Wenn Sie einen schweren Sack

Kartoffeln in die Mitte des Trampolins stellen, wird diese sich senken und das Gewebe aus geraden Linien verzerren. Wenn Sie dann eine Murmel von einem Ende des Trampolins zum anderen rollen lassen, wird sie nicht in gerader Linie rollen, sondern den gekrümmten Linien folgen. Und genau das passiert mit der Raum-Zeit und mit dem Licht. Die Gravitation krümmt die Raum-Zeit, und das Licht folgt den Linien, die dementsprechend gekrümmt sind. Und ein schwarzes Loch krümmt die Raum-Zeit so stark, dass sich die ursprünglich geraden Linien in sich selbst krümmen und das Licht schließlich nur noch Kreise beschreiben kann. So funktionieren schwarze Löcher.

Was würde **passieren,** wenn ich in ein **schwarzes Loch fiele?**

Zunächst einmal müssen Sie hinnehmen, dass Sie da nie wieder herauskommen. Bei der Annäherung an ein schwarzes Loch würden Sie nicht viel spüren. Wie ein Astronaut in der Erdumlaufbahn befänden Sie sich im freien Fall, und Ihr ganzer Körper unterläge denselben Gravitationskräften – Sie wären schwerelos. Wenn Sie dann allmählich dem gewaltigen Gravitationsfeld des schwarzen Lochs näher kämen – immer noch mehr als eine halbe Million Kilometer von seinem Zentrum entfernt –, würden Sie das spüren, was als Gezeitenkräfte des schwarzen Lochs bezeichnet wird. Sollten Sie zufällig mit den Füßen voran hineingezogen werden, würden die Füße mehr Anziehung als Ihr Kopf spüren, und Sie hätten das Gefühl, in die Länge gezogen zu werden. Dieses Gefühl würde immer schlimmer werden, bis Ihr Körper wie eine überspannte Gitarrensaite risse, und das wäre das Ende Ihrer Existenz.

Dies würde höchstwahrscheinlich mit Ihnen passieren, bevor Sie den Punkt überquert hätten, der als »Horizont« des schwarzen Lochs bezeichnet wird. Würden Sie diesen Punkt passieren, so müssten Sie, um der Anziehungskraft zu entkommen, mindestens so schnell sein wie das Licht. In allen Gravitationsfeldern macht erst eine spezifische Geschwindigkeit das Entkommen möglich; auf der Erde ist es die Geschwindigkeit, die eine Rakete benötigt, um ins All vorzustoßen. Wenn Sie also den Horizont des schwarzen Lochs erreicht haben, müssten Sie schneller sein als das Licht, um der Anziehung zu entgehen, und das werden Sie nicht schaffen. Wenn Sie den Horizont überschritten haben, sind Sie gefangen – wenn Sie nicht bereits vorher über die Grenzen des Erträglichen überdehnt worden sind.

Was würde ich beim **Hineinfallen** sehen?

Die Dinge würden ein wenig verzerrt wirken, da das Licht weit entfernter Objekte von dem riesigen Gravitationsfeld gekrümmt wird. Doch selbst wenn Sie den Horizont überquert hätten, würden Sie immer noch Licht von außerhalb wahrnehmen können. Sie selbst könnte man in dem schwarzen Loch nicht mehr sehen, weil das Licht, das von Ihnen ausgeht, nicht mehr aus dem schwarzen Loch herauskann – dafür müsste dieses Licht schneller sein als das Licht, und das ist natürlich unmöglich.

Der nächste Schritt Ihrer Reise bringt Sie zur »Singularität«, zu dem Zentrum des schwarzen Lochs. Sie befinden sich nun in einer verrückten Welt, in der Entfernung zu Zeit geworden ist. Es ist nicht möglich, der Singularität zu entkommen, denn sie ist kein Ort, zu dem Sie fahren, sondern eine Zeit in Ihrer Zukunft. Sie können ihr ebenso wenig entgehen, wie sie den nächsten Tag vermeiden können – er wird kommen, ob es Ihnen gefällt oder nicht.

Warum gibt es **schwarze Löcher?**

Schwarze Löcher entstehen, wenn riesige Sterne in sich zusammenfallen, weil sie ihren Brennstoffvorrat aufgebraucht haben. Sterne bestehen aus Gasen und funktionieren wie riesige Kraftwerke, indem sie ein Gas in ein anderes umwandeln – üblicherweise Wasserstoff in Helium. Irgendwann ist ein Großteil des Wasserstoffs in Helium umgewandelt, dann wird Helium in Kohlenstoff umgewandelt und Kohlenstoff in Sauerstoff. Diese chemischen Reaktionen setzen Energie in Form von Hitze und Licht frei, und dies macht den Stern heiß und lässt ihn leuchten. Licht und Hitze bewahren die Gestalt des Sterns und halten dessen Eigengravitation davon ab, die Gasvorräte ins Zentrum zu ziehen.

Doch irgendwann sind die Wasserstoffvorräte aufgebraucht, und nun kommt die Gravitation zum Zuge. Wenn der Stern groß genug ist (und mehr als die dreifache Masse unserer Sonne beträgt), wird er durch Eigengravitation in sich zusammenfallen. Dann wird die Dichte der Materie in seinem Zentrum so hoch, dass seine Gravitation ausreicht, das Licht nicht mehr entweichen zu lassen. Der Stern ist zu einem schwarzen Loch geworden.

Ich würde gern mal eine Vorstellung von den **Entfernungen** in unserem **Universum** bekommen. **Wie lange** würde ich beim derzeitigen Stand der Technologie brauchen, um zum **Rand der Galaxis** zu kommen?

Sie würden nie dort hingelangen – nicht zum Rand unserer Galaxis und schon gar nicht zum Ende des Universums. Zunächst einmal würden Sie Ewigkeiten vor Erreichen des Ziels sterben, und außerdem würde die Reise selbst nie ein Ende nehmen. Die heute weit verbreitete Theorie besagt, dass sich das Universum ausdehnt und dies für alle Zeiten tun wird; deshalb scheinen sich die Galaxien am anderen Ende des Universums mit annähernder Lichtgeschwindigkeit von uns zu entfernen. Mit dem heutigen Spaceshuttle, das eine Geschwindigkeit von 28 000 km/h erreicht, könnten Sie das Ende des sich ausdehnenden Universums niemals erreichen. Es ist ein Rennen, das Sie nicht gewinnen können.

Darüber hinaus gibt es aber auch kein Ende des Universums, das man erreichen könnte. Wenn der Raum gekrümmt ist, wie es einige Theorien besagen, wird er sich in sich selbst zurückkrümmen und eine Gestalt ohne Rand bilden, wie die Oberfläche unserer Erde. Wenn Sie auf der Erde stur in eine Richtung fahren, kehren Sie irgendwann wieder zum Ausgangspunkt zurück. Das Gleiche *mag* auch auf das Weltall zutreffen: Wenn Sie lange genug in eine Richtung fahren, kommen Sie irgendwann zu Ihrem Startpunkt zurück. Sollte sich die Theorie als richtig erweisen, dass das Universum doch nicht in sich gekrümmt ist, würden Sie trotzdem nie zum Rand gelangen, denn dann hätten Sie es mit einem unendlichen Universum zu tun.

Lassen wir einmal Ausdehnung und Gestalt des Universums beiseite, begeben uns an Bord des Spaceshuttles und rasen mit einer Geschwindigkeit von 140 000 km / h auf das entfernteste Objekt zu, das wir noch sehen können; es ist ungefähr 10 Milliarden Lichtjahre von uns entfernt oder anders ausgedrückt 95 000 000 000 000 000 000 000 Kilometer. Rechnen Sie es auf dem Taschenrechner durch; mit einer Reisezeit von 75 000 Milliarden Jahren müssten Sie schon rechnen. Und wo wir gerade dabei sind – bedenken Sie, dass das Universum selbst nur ungefähr fünfzehn Milliarden Jahre alt ist.

Woher weiß man, wie weit einige dieser **Sterne** und **Galaxien** entfernt sind? Wie werden diese **Entfernungen** gemessen?

Zunächst einmal müssen Sie etwas verstehen, was Parallaxe genannt wird. Wenn Sie einen Finger in einer Entfernung von ungefähr 20 Zentimetern vor Ihre Nase halten und jeweils ein Auge auf- und das andere zumachen, scheint der Finger hin- und herzuhüpfen. Der Grund ist, dass jedes Auge den Finger aus einem leicht verschobenen Winkel sieht, denn Ihre Augen liegen ein paar Zentimeter auseinander.

Wenn Sie zwei wichtige Maßzahlen kennen – die Entfernung zwischen Ihren Augen und den Winkel, um den sich Ihr Finger scheinbar »verschiebt« –, können Sie mit ein bisschen Trigonometrie herausfinden, wie weit Ihr Finger von Ihren Augen entfernt ist.

Das Problem mit dieser Methode besteht darin, dass es für Finger in Nahaufnahme prächtig funktioniert, doch bei weiter entfernten Objekten ist die Verschiebung kaum wahrnehmbar. Wenn Sie diese Berechnung mit einem Laternenpfosten am anderen Ende der Straße anstellen, können Sie scheinbar keine Bewegung mehr wahrnehmen, denn er ist zu weit entfernt. Um also die Parallaxe bei weiter entfernten Objekten anzuwenden, muss die Entfernung zwischen den »Augen« vergrößert werden. Astronomen wenden dieses Verfahren an, indem sie zu einem bestimmten Zeitpunkt des jährlichen Erdumlaufs eine Messung machen und die zweite vornehmen, wenn die Erde einen weiteren halben Umlauf beendet hat (der ungefähr ein halbes Jahr dauert). Indem man die »Augen« auf die doppelte Entfernung Erde – Sonne bringt, erhält man eine ausreichende Basisstrecke, um die Distanz zu mehreren hundert Lichtjahren entfernten Sternen zu messen.

Gibt es viel **Müll** im **Weltall?**

Tatsächlich geht es da oben allmählich ziemlich chaotisch zu, weil die Anzahl künstlicher, d. h. von Menschenhand hergestellter Objekte wächst; ab und an kollidieren diese, und es entsteht noch mehr Müll. Groben Schätzungen zufolge gibt es im All in 500 bis 800 Kilometer Höhe siebentausend größere Objekte. Ungefähr zweitausend davon sind Satelliten, doch nur noch fünf Prozent von ihnen sind in Betrieb. Des Weiteren schwirren vierzigtausend Teile und Bröckchen herum, die das Ergebnis von Kometeneinschlägen oder Überbleibsel abgesprengter Raketenstufen sind. Hinzu kommen ungefähr drei Millionen Partikel, die von Farbanstrichen und Isolierungen stammen oder schlicht Staub sind. Manche fliegen mit einer Geschwindigkeit von bis zu 29 000 km/h – schnell genug, um zu einer Gefahr für die Fenster der alten Raumstation »Mir« zu werden.

Wenn im **Weltraum** alles **schwerelos** ist, wie können sich **Astronauten** dann **wiegen?**

Wenn ich Ihnen sage, dass sie sich dafür schütteln müssen, meinen Sie, ich würde Sie veräppeln – es stimmt aber: Sie müssen folgendes Prinzip verstehen: Das Gewicht ist die Kraft, durch die ein Körper, beispielsweise ein Astronaut, von der Erde angezogen wird. Stellen Sie ihn ins All, wo es keine Gravitationskräfte gibt, und er wiegt tatsächlich nichts. Aber er oder sie besitzt immer noch Masse, denn Masse ist die Menge an Materie, die ein Objekt enthält. Natürlich sind Gewicht und Masse aneinandergekoppelt: Gewicht ist das Produkt aus Masse und Anziehung, und je stärker die Anziehung ist, desto größer ist das Gewicht, obwohl die Masse gleich bleibt.

Um im Weltall Masse zu messen, muss man ein Gerät benutzen, das unabhängig von der Anziehungskraft funktioniert: Es heißt »Trägheitswaage«. Erinnern Sie sich: Auch Trägheit ist Bestandteil der Masse und kann als Maßeinheit für das Gewicht benutzt werden; je »massiger« Sie sind, desto schwerer wird es sein, Sie in Bewegung zu versetzen. Astronauten gurten sich also an ein Schüttelgerät, die Trägheitswaage, die sie vor und zurück rüttelt und dabei berechnet, wie viel Antrieb zur Bewegung der Masse nötig ist. Dies berechnet die Körpermasse der Astronauten und gibt damit das entsprechende Gewicht auf der Erde an.

Wenn in einem **Raumschiff** alles **schwebt**, und ich meine wirklich *alles*, wie können **Astronauten** dann die **Toilette** benutzen?

Manche Dinge an einer Raumschifftoilette würden Ihnen ziemlich vertraut vorkommen. Sie sieht aus wie eine normale Toilette, ist für Männer und Frauen geeignet, hat eine Leselampe und sogar ein Fenster, durch das der sitzende Astronaut einen schönen Blick auf die Erde hat. Was Ihnen vielleicht nicht so vertraut vorkommen würde, wären die Haken, die Fußrasten und der Sicherheitsgurt. Aber jetzt mal ernsthaft …

Die ersten Raumanzüge waren mit Windeln und Wegwerfbeuteln ausgerüstet, heutzutage spielt sich aber alles fast wie auf einer normalen Toilette ab. Der Hauptunterschied besteht im fehlenden Wasserrauschen danach. Stattdessen werden die festen Bestandteile durch einen Luftstrom in einen (nicht sichtbaren) Behälter gesogen, dehydriert, desinfiziert, zusammengepresst und gelagert, um nach der Landung entsorgt zu werden. Flüssigkeit wird in den Weltraum abgelassen und verdampft. Die Luft aus der Toilettenkabine wird gereinigt, gefiltert, aufbereitet und wieder in die Kabine gepumpt.

Es gibt sogar ein noch moderneres System, bei dem Plastiktüten am Boden des Beckens feste Bestandteile und Flüssigkeiten auffangen, luftdicht versiegeln und gestapelt lagern. Damit wurde das Problem mit dem Fliehkraftlüfter gelöst, der durch Kontakt mit herausgesaugtem Urin korrodieren konnte.

Angenommen, ich wäre im **Weltraum** und hätte **Geburtstag** – was würde geschehen, wenn ich versuchte, eine **Kerze anzuzünden?**

Sie haben ganz Recht, sich für Kerzenflammen zu interessieren. Michael Faraday, ein bedeutender Wissenschaftler des 19. Jahrhunderts, hat einmal gesagt: »Es gibt keinen besseren Zugang zum Studium der Naturphilosophie (Naturwissenschaft) als die Beobachtung des Phänomens Kerze.«

Ich nehme mal an, dass Sie es an Bord eines Raumschiffs versuchen wollen und nicht im Weltall selbst. Unter irdischen Bedingungen kommt die wunderbare Form der Kerzenflamme durch das Verbrennen von Wachs unter Einbeziehung von Luftsauerstoff zustande, da bei der Verbrennung unter anderem Kohlendioxid und Wasser entstehen; diese steigen in der Flamme auf und ziehen Sauerstoff aus der Luft an, der sie ersetzt. Dadurch erhält die Kerzenflamme ihre Form.

In einem Raumschiff würde die Flamme in einem minimalen Gravitationsfeld existieren; die heißen Gase würden nicht aufsteigen, und von unten würde kein frischer Sauerstoff nachströmen. Das Ergebnis wäre eine runde blaue Flamme, die nicht lange brennen würde, denn ohne Sauerstoff kann das Wachs nicht brennen.

Könnte ich auf dem **Mars** genauso **Weihnachten feiern** wie auf der Erde?

Tatsächlich käme Ihnen die Zeit auf dem Mars gar nicht mal so fremd vor, denn mit 25 Stunden entspricht der Marstag ziemlich genau einem Erdentag. Aber das Jahr wäre auf dem Mars länger, denn er braucht 687 Tage, um einen Umlauf zu vollenden. So betrachtet, könnten Sie grob geschätzt nur alle zwei Erdenjahre Weihnachten feiern. Wenn Sie andererseits der Meinung sind, Weihnachten müsse nach 365 Tagen gefeiert werden, hätten Sie auf dem Mars zwei Mal im Jahr Gelegenheit dazu. Genießen Sies!

Die **Ringe des Saturns** können wir von der **Erde aus** sehen. Warum hat die Erde **keine Ringe?** Was ist so **besonders** am Saturn?

Saturn ist nicht der einzige Planet, der Ringe besitzt; auch Jupiter, Uranus und Neptun haben Ringe, nur kann man sie von der Erde aus nicht sehen. Erst seit den Expeditionen von Voyager 1 und 2 wissen wir von der Existenz dieser Ringe. Das Interessante ist, dass diese Ringe auf die Gasriesen – so heißen die äußeren Planeten – beschränkt sind; Astronomen sind zu der Überzeugung gekommen, dass sämtliche Ringe um die äußeren Planeten möglicherweise auf die gleiche Art entstanden sind. Es gibt zwei Theorien: Die erste besagt, dass die Ringe des Saturns aus Gestein und Staub bestehen, die aus Asteroidenkollisionen in der Nähe des Planeten stammen. Die Gravitationskraft von Saturn und seinen Monden hat diese Teilchen in die heutige Ringform gebracht. Die zweite Theorie lautet, dass zu der Zeit, als die Planeten des Sonnensystems aus einer Staub- und Gaswolke entstanden, nicht aller Staub und alles Gas von Planeten angezogen wurde. Mit anderen Worten: Die Ringe sind einfach Überbleibsel aus der Zeit der Planetenentstehung. Wenn dereinst Astronomen in der Lage sein werden, das Alter der Gesteinsbrocken in den Ringen zu bestimmen, sollten wir endlich erfahren, welche der beiden Theorien die richtige ist. Eine Menge Leute glauben an die erste, weil Jupiter, Uranus und Neptun so schwache Ringe haben. Sie sagen, die Ringe des Saturns sind nur deshalb so leuchtend, weil sie erst »vor kurzem« entstanden sind – nach astronomischer Zeitrechnung also vor Millionen Jahren –, und zwar aus kollidierenden Asteroiden. Die Ringe der anderen Planeten leuchten nicht so stark, weil sie viel älter sind und die meisten Partikel der Ringe längst in den Planeten gesogen worden sind.

Und warum hat die Erde keine Ringe? Erstens muss das Material vorhanden sein, aus dem die Ringe gebildet werden; zweitens darf dieses Material nicht zu weit entfernt sein – nicht weiter als der dreifache Durchmesser des Planeten, und nicht einmal der Mond ist der Erde so nah. Im Falle von Jupiter könnten die Staubringe möglicherweise aus Gesteinsmaterial bestehen, das durch Meteoriteneinschläge von Jupiters viel näheren Monden abgesprengt wurde.

Ein weiterer Faktor, den wir in Betracht ziehen müssen, ist die Kraft des Sonnenwindes. Diese ist ein stetiger Energiestrom aus der Sonne, dessen Einfluss auf die Erde größer ist als auf andere, weiter entfernte Planeten. Dieser Wind würde sofort jegliche Teilchen fortwehen, die versuchten, in der Umlaufbahn der Erde zu bleiben.

Selbst wenn es genug Material in der Nähe der Erde gäbe, damit sie darauf Ringe bilden könnte, wären diese ziemlich dunkel und staubig, da jegliches Eis (Hauptbestandteil der Ringe des Saturns) durch die Hitze der Sonne verdampfen würde. Ein weiterer Grund für die Unbeständigkeit der irdischen Ringe könnten die Gezeitenkräfte von Sonne und Mond sein, die ziemlich stark sind und das Ringsystem schließlich sprengen würden. Wenn die Erde einen kleinen Asteroiden einfinge, der in der richtigen Distanz im Orbit verbliebe, könnten wir uns eines Ringsystems erfreuen, aber es wäre vermutlich nicht von langer Dauer.

Falls **Astronauten** jemals zu den **Planeten** gelangen würden, wie würden sie **navigieren? GPS** würde ja nicht funktionieren und eine **Navigation** anhand der **Sterne** auch nicht, wie ich annehme.

Ihre Vermutungen bezüglich GPS, des Global Positioning Systems, sind richtig, denn es funktioniert mittels Satelliten in der Erdumlaufbahn. Falls wir jemals auf den Mars gelangen sollten, würden wir feststellen, dass er wie die Erde einen Nordpol und einen Südpol besitzt, aber sein Magnetfeld ist 800-mal schwächer. Alles, was Sie bräuchten, wäre demnach ein Kompass, der empfindlich genug ist. Wenn Sie aber im Weltraum mit Hilfe von Sonne, Planeten und Sternen navigieren wollten, wie Seefahrer es jahrhundertelang getan haben, würde das seltsamerweise funktionieren. Der Nachthimmel vom Mars aus gesehen würde der gleiche sein wie von der Erde aus, und wenn Sie die Position der Sterne berechnen und sie in Beziehung zur Zeit setzen würden, könnten Sie Ihre Position auf dem Mars mit einer Genauigkeit von hundert Metern berechnen.

Woraus besteht der **Mond?**

Der Mond ist fast 400 000 Kilometer von der Erde entfernt und bildete sich vor 4,5 Milliarden Jahren zur Zeit der Entstehung unseres Sonnensystems aus einer wirbelnden Wolke von Gas und Gestein. Viele der neun Planeten, die um die Sonne kreisen, haben Monde. Manche auch mehr als einen: Saturn besitzt nach der jüngsten Zählung siebzehn von ihnen. Der größte Mond des Sonnensystems ist der Jupitermond Ganymed mit einem Durchmesser von 5 265 Kilometern.

Früher nahm die Wissenschaft an, der Mond sei ein großer Brocken, der sich einst aus der Erde gelöst und ein großes Loch hinterlassen habe, das dann vom Pazifik gefüllt worden sei. Diese Theorie ist aber aus der Mode gekommen; heute vermutet man, dass der Mond sich aus einer wirbelnden Gaswolke als separater Miniplanet zusammengezogen hat. Dann wurde er von der Anziehungskraft der Erde eingefangen und zu unserem Mond.

Bevor Raumsonden und schließlich in den sechziger Jahren Menschen auf dem Mond landeten, wussten wir wenig über seine Beschaffenheit. Vom Mond zurückgebrachtes Gestein war vulkanischer Natur, hauptsächlich Basalt, der dem Vulkangestein der Erde in vielerlei Hinsicht ähnelte. Basaltgesteine entstehen, wenn Vulkane ausbrechen und geschmolzenes Gestein in den Himmel oder ins Meer ausspeien. Diese anfänglich mehrere tausend °C heißen Brocken kühlen rasch zu dunklem Gestein aus kleinen Kristallen ab – dem typischen Basalt.

Basaltgesteine bestehen aus vier Hauptelementen. Der größte Anteil ist Silizium, daneben gibt es Eisen, Aluminium und Magnesium. Silizium ist eines der häufigsten Elemente auf der Erde und kommt in vielen Gesteinen vor. Sand besteht hauptsächlich aus Silizium. Eisen, Aluminium und Magnesium sind häufig vorkommende Metalle.

Der Mond besitzt eine Kruste, einen Mantel und einen Kern, genau wie die Erde. Aber der Mond hat sich bereits sehr viel mehr abgekühlt als die Erde, und sein Mantel enthält kein geschmolzenes Gestein mehr, folglich befinden sich dort keine aktiven Vulkane mehr. Es gibt allerdings ab und zu Erdbeben, besser bekannt als Mondbeben.

Brauchen wir den Mond? Würden wir **überleben,** falls der **Mond verschwände?**

Tatsächlich bewegt sich der Mond von der Erde weg, aber nicht so schnell, dass uns das ernsthaft beunruhigen müsste. Die Entfernung zwischen Erde und Mond wächst jährlich um 3,82 Zentimeter. Ich möchte bezweifeln, dass Sie davon etwas merken.

Doch wenn der Mond ganz plötzlich verschwinden würde, sähe die Sache schon anders aus. Zunächst einmal würden die auf der Anziehung des Mondes beruhenden Meeresgezeiten verschwinden. Das würde sich weltweit auf den Güterverkehr zur See auswirken. Aber davon einmal abgesehen gäbe es keinen Grund, warum das Leben nicht ziemlich genauso weitergehen sollte wie bisher.

Allerdings besteht die Vermutung, dass die Neigung der Erdachse vom Mond abhängt, und wenn dessen Einfluss nicht mehr gegeben wäre, könnten dramatische Veränderungen in der Länge von Tagen und Nächten und folglich in den Jahreszeiten eintreten.

Warum **bleibt** der **Mond** dort **oben?**
Ich schaue ihn jede Nacht an,
wie er da am **Himmel** steht. Warum
fällt er nicht auf die **Erde**, wenn er
doch von ihr **angezogen** wird?

Tatsächlich *fällt* der Mond herab, doch gleichzeitig bewegt er sich nach links, jedenfalls von der nördlichen Hemisphäre aus gesehen. Für jedes kleine Stück, das er fällt, bewegt er sich auch ein Stück nach »links« und weicht der Erde aus. Also fällt er ständig und weicht ständig nach links aus, bis er zum Startpunkt zurückkehrt – und einen vollen Umlauf beschrieben hat. So gesehen befindet sich der Mond tatsächlich in freiem Fall und weicht uns ständig aus.

Wenn man in den **Mondstaub**
schreiben könnte, wie **groß** müssten
die **Buchstaben** sein, damit man sie
von der **Erde** aus **lesen** könnte?

Ziemlich groß. Wenn Sie eine Linie von einer Seite des Mondes zu einem Beobachter auf der Erde ziehen und dann zurück zur anderen Seite des Mondes, erhalten Sie einen Winkel von ungefähr 8°. (Übrigens steht auch die Sonne in einem Winkeldurchmesser von 8°, und deshalb bekommen wir immer so perfekte Sonnenfinsternisse zu sehen.)

Alle Teleskope arbeiten mit Winkelauflösung; diese bezeichnet den kleinsten Winkel, den sie erkennen können. Schafft ein Teleskop beispielsweise nur eine Winkelauflösung von 1°, dann kann es den Unterschied zwischen einem Objekt mit einem Durchmesser von 1° und einem mit dem Durchmesser von 0,5° nicht erkennen. 1° unterteilt sich in 60 Bogenminuten und diese wiederum jeweils in 60 Bogensekunden. Das immens starke Hubble-Teleskop arbeitet mit einer Auflösung von ungefähr 0,1 Bogensekunden und kann somit Dinge erkennen, die lediglich 1/36000° messen.

Um die Größe eines für den Betrachter sichtbaren Objekts herauszufinden, müssen Sie mit der Entfernung beginnen. Die mittlere Entfernung des Mondes zur Erde beträgt 384 401 km. Die mondnächste Position von Hubble liegt bei 383 800 km. Mit Hilfe der Trigonometrie können wir berechnen, dass das kleinste Objekt, das Hubble auf diese Entfernung auflösen kann (bedenken Sie, dass das Teleskop bereits Dinge mit einem Durchmesser von 1/36000° erkennt), ungefähr 200 Meter groß sein muss.

Das menschliche Auge ist natürlich viel schwächer und kann nur Dinge sehen, die größer als 1/60° sind. Demnach müssten Buchstaben auf dem Mond, die wir von der Erde aus lesen könnten, eine Größe von ungefähr 110 Kilometer haben.

Was würde **passieren**,
wenn die **Sonne** verschwände?

In den ersten acht Minuten nach dem Ausschalten der Sonne würden wir selig und unwissend sein. Danach aber würde die Lage ernst.

Acht Minuten brauchen das Licht und der Partikelstrom von der Sonne bis zu uns – das Licht legt in der Sekunde 300 000 Kilometer zurück, und die Sonne ist 150 000 000 Kilometer von uns entfernt. Dividieren Sie die Entfernung durch die Geschwindigkeit, um die benötigte Zeit zu erhalten: 500 Sekunden oder ungefähr 8,3 Minuten.

Danach würde sich die Erdumlaufbahn ändern, denn die Sonne, um die wir kreisen, wäre nicht länger vorhanden; statt weiterhin einen Kreisbogen zu beschreiben, würde die Erde sich möglicherweise in einer Geraden bewegen, aber das ist schwer vorauszusagen. Die Erde würde also in Dunkelheit stürzen und den Anfang einer Reise ins Ungewisse des Universums antreten.

Es ist zweifelhaft, ob der Frost sofort einsetzen würde, da die Erde sehr viel Hitze von der Sonne absorbiert hat und einen eigenen heißen Kern aus geschmolzenem Eisen besitzt, ferner eine Atmosphäre, die sie schützt wie eine Decke … die Abkühlung des Planeten könnte also einige Zeit dauern. Vielleicht würde es sich zunächst anfühlen wie die zunehmende Kühle nach Sonnenuntergang, danach jedoch würde die Temperatur stetig fallen.

Die schlimmste Auswirkung hätte der Lichtverlust und seine Folgen für die Pflanzen, die das Licht der Sonne für ihre Photosynthese benötigen: Nutzpflanzen würden nicht weiterwachsen und rasch verkümmern. Manche Tiere würden verhungern. Allerdings gibt es viele Lebensformen, die ohne Licht auskommen – zum Beispiel chemoautotrophe

Bakterien und bestimmte Meeresbewohner (Röhrenwürmer, die an unterseeischen heißen Schloten leben) –, und diese würden uns Menschen überleben, obwohl sich schwer voraussagen lässt wie lange.

Ebenfalls schwer vorauszusagen ist das Verhalten der Weltmeere, da die Anziehungskraft des Mondes zunehmen kann, wenn die Sonne nicht mehr die stärkste Gravitation ausübt. Allerdings könnte uns auch der Mond verlassen und unseren Planeten gezeitenlos zurücklassen; das jedoch, möchte ich meinen, wäre zu jenem Zeitpunkt unsere geringste Sorge.

Könnte man es zuerst **sehen** oder zuerst **spüren**, wenn die **Sonne verlöschen** würde?

Selbst bei einer heftigen Explosion der Sonne würden sämtliche fortgeschleuderten Partikel langsamer sein als das Licht. Folglich würden diese Partikel vor Einsetzen der Dunkelheit keinerlei Auswirkungen haben.

Nun zum Gefühl, dass die Sonne fehlt: Die Strahlung, die unsere Atmosphäre aufheizt, erreicht uns als Infrarotlicht, das sich mit Lichtgeschwindigkeit fortbewegt (weil es niedrigwelliges Licht ist). Die Infrarotstrahlung trifft auf die Erde, verrichtet ihren Job, und wir spüren ihre Wirkung einige Zeit später. Wegen dieser Verzögerung nimmt die Wissenschaft an, dass die Sonne schon ungefähr eine Woche lang »abgeschaltet« sein müsste, bevor die Erde zu gefrieren begänne. Man würde also höchstwahrscheinlich zuerst die Dunkelheit wahrnehmen, bevor man irgendwelche anderen Auswirkungen spürte.

Hat die **Sonne** eine bestimmte **»Lebenszeit«?** Und wenn sie am Ende ihrer **Existenz** anlangt, was passiert dann?

Ja, die Sonne hat eine Lebensspanne, aber man nimmt an, dass sie noch fünf Milliarden Jahre lang ihre Pflicht tun kann. Dann wäre sie ungefähr doppelt so alt wie jetzt. Während dieser ganzen Zeit wird sie durch Wasserstofffusion Energie produzieren, also durch die Verschmelzung von Wasserstoffatomen zu Helium Energie freisetzen. Doch irgendwann wird der Wasserstoffvorrat aufgebraucht sein und Helium zum vorherrschenden Element des Sonnenkerns werden. Dann tritt die Sonne in das Stadium eines alten Sterns ein.

Nun verlagert sich die Zone der Kernreaktionen langsam vom Mittelpunkt nach außen, wobei der Brennstoff verbraucht wird. Damit wird die Sonne zunehmend instabiler und schwillt zu einem kühleren roten Riesen an. Nun ist sie so groß, dass sie sich bis zur Umlaufbahn der Erde ausdehnt. In diesem Stadium kehrt sich die Reaktion um, da sich ab einer Temperatur unter zehn Millionen °C die Wasserstofffusion abschaltet. Durch die Eigengravitation der Sonne steigen jedoch Temperatur und Druck im Inneren wieder an, die Heliumkerne werden enger zusammengepresst und beginnen trotz gegenseitiger elektrischer Abstoßung eine zweite Runde der Kernreaktionen. Diese Rückkehr zum Normalbetrieb hält jedoch nicht lange vor, denn nach ein paar Millionen Jahren ist das Helium aufgebraucht.

Am Ende wird die Heliumfusion dem Muster der Wasserstofffusion ähneln: Sie verlagert sich nach außen, und der innere Druck der Sonne übersteigt die Gravitation und lässt den Stern erneut zu einem roten Riesen anschwellen.

Doch dieses Mal schafft es die Sonne nicht mehr, genug Energie zu erzeugen, um mit der Verbrennung der schwereren Elemente in ihrem Kern zu beginnen, und nun ist das Ende tatsächlich gekommen. Sie wird sich weiter und weiter ausdehnen, ihre äußere Atmosphäre verpufft in einer Reihe konzentrischer Kreise und bildet einen glühenden planetarischen Nebel. Nur der Kern der Sonne wird als langsam abkühlender, sehr dichter Stern, als so genannter weißer Zwerg, überleben. Und dies wird der lange, langsame Tod unserer Sonne sein.

Sie geben der **Sonne** noch circa **fünf Milliarden Jahre**. Wann, glauben Sie, wird das **Ende der Welt** kommen?

Wenn die Sonne in ungefähr fünf Jahrmilliarden zum roten Riesen geworden ist, können wir guten Gewissens davon ausgehen, dass mit unserer guten alten Erde auch nicht mehr viel los sein wird. Jeder Stern hat eine bestimmte Lebenszeit und stirbt, wenn er am Ende seiner Existenz keinen Brennstoff mehr hat. Allerdings gibt es unterschiedliche Arten Sterne, die auch ein unterschiedliches Ende erleben: Manche explodieren, manche werden zu schwarzen Löchern, manche werden zu roten Riesen und sterben in Raten. Ein roter Riese ist ein Riesenstern mit geringer Hitze, folglich ist er eher rötlich als hellgelb oder weiß (ein bisschen wie ein Schürhaken, der im Feuer hellgelb erhitzt wird und dann ins Rötliche abkühlt). Nachdem die Sonne ein roter Riese geworden ist, wird sie so anschwellen, dass sie Merkur und Venus »schluckt«, und die Entfernung unserer armen alten Erde zur Sonnenoberfläche wird nur noch ein paar Millionen Kilometer betragen. Unsere Atmosphäre wird sich in den Weltraum verflüchtigen und der Planet so aufgeheizt werden, dass auf ihm kein Leben mehr existieren kann.

Gibt es da **draußen** irgendwo **Leben?**

Falls Sie mit Ihrer Frage intelligentes Leben meinen, so ist die Antwort wahrscheinlich negativ. Für dessen Existenz gibt es keinerlei Beweise. Dennoch müsste ein Astronom schon sehr mutig sein, wollte er behaupten, die Erde sei der einzige Leben tragende Planet im gesamten Universum, und es gibt auch genug Fürsprecher, die behaupten, dass es in unserer Galaxis dünn gesätes Leben gibt.

Wenn Sie Lebensformen meinen, die der unseren vergleichbar sind, was benötigen diese zu ihrer Existenz? Zunächst einmal eine lange Phase planetarer Stabilität, um sich aus Mikroben zu komplexen tierischen und pflanzlichen Organismen zu entwickeln. Dazu braucht es als wichtigste Voraussetzung eine stabile Sonne. Damit sind 90 Prozent der zweihundert Milliarden Sterne unserer Galaxis aus dem Rennen – sie sind entweder zu kalt und schwach oder zu heiß und unbeständig.

Eine weitere Voraussetzung für die Existenz von Leben ist Flüssigkeit – vorzugsweise Wasser, und zwar in flüssiger Form, damit Moleküle sich verbinden können. Denn um sich zu komplexeren Molekülketten zusammenzuschließen, müssen sich chemische Verbindungen gut untereinandermischen. Damit verringert sich die Zahl der möglichen Kandidaten weiter, denn obwohl Wasser im Universum weit verbreitet ist, liegt es in flüssiger Form nur unter bestimmten Temperaturen und atmosphärischem Druck vor – zwischen 0 °C und 100 °C unter irdischen Druckverhältnissen. Damit flüssiges Wasser auf einem Planeten in Form bleibt, muss dieser eine ordentliche Lufthülle besitzen und eine stabile Bahn um seinen Stern durchlaufen, am besten in einer Entfernung, die ungefähr der unserer Erde zu ihrer Sonne entspricht. Und das ist der Grund, warum auf Mars oder Venus kein Leben zu finden ist: Venus ist zu heiß, zu nahe an der Sonne und Mars zu kalt, d. h. zu weit von ihr entfernt.

Bereits diese beiden Bedingungen treffen auf keines der uns bisher bekannten Sonnensysteme zu. Bedenken Sie jedoch, dass kleinere Systeme schwer zu entdecken sind und dass diese Bedingungen durchaus in einem bisher unbekannten System gegeben sein könnten. Soweit wir jedoch wissen, ist die Erde ein in jeder Hinsicht einzigartiger Planet, dessen Position in unserem Sonnensystem ihm die perfekten Voraussetzungen für die Entwicklung unserer Lebensform lieferte. Die Chancen, dass es irgendwo etwas Ähnliches gibt, sind in der Tat ziemlich gering.

2. Katzen, Hunde und Tiere der Wildnis

Das Huhn, das Ei und schwimmende Kängurus

Was kam **zuerst:**
die **Henne** oder
das **Ei?**

Und, was meinen Sie, war am Anfang nun wirklich das Huhn?
Wenn Sie glauben, ich würde jetzt die übliche Antwort ge-
ben – nämlich: Darauf gibt es keine Antwort –, dann irren
Sie sich gewaltig.

Die meisten Wissenschaftler sind der Ansicht, dass alles
Leben auf der Erde durch die Evolution vorangetrieben wurde; sie ist die stufenweise Entwicklung des Lebens, das sich an
seine Umgebung anpassen musste. Ein Wurm beispielsweise
braucht keine guten Augen, weil er unter der Erde lebt, und
da gibt es nicht besonders viel zu sehen. Falls Würmer einst
Augen gehabt haben, so haben sie sie im Laufe vieler Generationen verloren. Ein Individuum kann sich während seiner

Lebenszeit nicht verändern, seine Nachkommen hingegen schon. Weil die Dinge sich schrittweise weiterentwickeln, können sie sich ziemlich stark verändern. Haben Sie jemals Darstellungen gesehen, wie wir uns unsere Urahnen vorstellen? Mächtige Stirne, jede Menge Zottelhaar, Affenarme, krumme Rücken usw. Damals waren wir noch nicht wirklich Menschen; wir haben uns erst langsam dazu entwickelt.

Dasselbe ist mit dem Huhn passiert. Wenn Sie in der Geschichte zurückgehen, hätte das, was wir heute als Huhn bezeichnen, ziemlich anders ausgesehen. Zum Beispiel hätte es Schwimmfüße haben können, mit denen es schlecht laufen konnte. Und dann, eines Tages, legte eine Henne ein Ei, und aus dem Ei schlüpfte ein Vogel ohne Schwimmfüße – er sah aus wie unsere heutigen Hühner. Das war Evolution.

Aber all dies konnte nur mit dem Ei seinen Anfang nehmen. Also war das Ei doch zuerst da.

ZIEL

Ich habe gehört, dass es möglich ist,
eine **Kuh** eine **Treppe** hinaufzuführen,
aber **nicht hinab**. Stimmt das?

Ja, das stimmt. Es liegt daran, wie die Knieknochen der Kuh konstruiert sind: Das Gelenk kann sich beim Hinaufgehen beugen, aber nicht beim Hinabsteigen.

Und wo wir gerade bei Tieren sind: Vielleicht interessiert es Sie, dass ein ausgewachsener Bär so schnell laufen kann wie ein Pferd; dass ein Pferd sich nicht erbrechen kann; und dass Emus nicht rückwärts laufen können.

Ist es wahr, dass der
Elefant das einzige Tier
mit **acht Knien** ist?

Ja. Der Elefant ist das einzige Tier mit *acht* Knien, denn Elefanten haben an jedem Bein zwei »Kniescheiben«. Aber das ist noch nicht die ganze Erklärung, denn diese hängt davon ab, was Sie als »Knie« bezeichnen. Die Definition im Collins-Wörterbuch lautet: »Ein Gelenk am menschlichen Bein, das Schienbein und Wadenbein mit dem Oberschenkelknochen verbindet« und »entsprechender oder ähnlicher Körperteil bei anderen Wirbeltieren«. Soll die Bezeichnung »Knie« also nur auf die Hinterläufe beispielsweise eines Pferdes zutreffen und nicht auf die Vorderläufe? In diesem Fall hätten alle vierbeinigen Wirbeltiere, also auch Elefanten, nur zwei Knie.

Oder bezieht sich der Begriff »Knie« auf die Gelenke in den Vorder- und Hinterbeinen der entsprechenden Tiere? Demnach hätten alle vierbeinigen Wirbeltiere – nicht nur Elefanten – vier Knie. Das Problem rührt offensichtlich daher, dass ein Begriff, der ursprünglich auf ein zweibeiniges Tier gemünzt war, auf vierbeinige Tiere ausgeweitet wird.

Haben **Pinguine** Kniescheiben?

Ja, haben sie. Tatsächlich ähnelt ihr Skelett in vieler Hinsicht dem unseren. Allerdings verstecken sie ihre Knie unter ihrem Federkleid, und deshalb werden Sie niemals einen Pinguin mit kalten Knien antreffen. Allgemein herrscht die Auffassung, Pinguine hätten nur einen durchgehenden Beinknochen, aber in Wahrheit sind ihre Knie nur viel höher angesetzt und daher näher an den Hüften als bei uns Menschen.

Wie **alt** werden **Pinguine?**

Wir wissen von Pinguinen, die über zwanzig Jahre alt geworden sind, doch die meisten Pinguine erreichen dieses Alter nicht. Weniger als die Hälfte aller Pinguinküken überleben ihr erstes Jahr, und ungefähr 90 Prozent der ausgewachsenen Pinguine schaffen es von einem Jahr ins nächste. Das Durchschnittsalter von Pinguinen liegt vermutlich bei sechs bis sieben Jahren.

Warum sind
Pinguine schwarz und **weiß?**

Pinguine sind schwarz und weiß, um zu überleben. Wenn sie schwimmen, schützt sie der dunkle Rücken vor Seehunden und anderen Raubtieren. Von unten sind sie weiß, um vor dem Hintergrund des hellen Himmels schlechter gesehen zu werden; wiederum ein Schutz vor Seehunden, aber auch vor Haien und Killerwalen. Außerdem können sie ihre Färbung als eine Art Temperaturregulator benutzen. Wenn ihnen heiß ist, drehen sie ihre weißen Bäuche der Sonne zu, um deren Licht zu reflektieren. Und wenn ihnen kalt ist, wenden sie ihre dunklen Rücken der Sonne zu, um die Wärme zu absorbieren.

Warum marschieren
Pinguine im **Gänsemarsch?**

Vermutlich aus dem gleichen Grund wie wir, wenn wir so viel im Schnee marschieren müssten. Der Erste in der Reihe tritt den Schnee fest und erleichtert den Nachfolgenden den Weg; außerdem ist dieser Weg relativ sicher, denn wenn der erste Pinguin nicht im Eis eingebrochen ist, wird dem nächsten wahrscheinlich auch nichts passieren. Es könnte auch sein, dass sich die Tiere auf diese Weise ein wenig vor dem eisigen Wind schützen – das gilt natürlich nicht für den bedauernswerten Pinguin an der Spitze.

Können **Pinguine** wieder **aufstehen,** wenn sie auf den **Rücken gefallen** sind?

Mit Leichtigkeit! Einer der Vorteile davon, dick und rund zu sein, besteht darin, sich ohne große Anstrengung vom Rücken auf den Bauch rollen zu können, und aus dieser Lage bereitet das Aufstehen einem Pinguin keinerlei Schwierigkeiten. Im Gegenteil, sie lieben es, auf dem Bauch zu liegen und übers Eis zu rutschen.

Wer hat die **Dinosauriernamen** erfunden?

Der Name »Dinosaurier« bedeutet eigentlich »gewaltige Eidechse«, aber die griechischen oder lateinischen Namen der einzelnen Arten gehen meistens auf die Wissenschaftler zurück, die diese Art entdeckt haben, oder auf ein besonderes Merkmal des Sauriers. Baryonix Walkeri zum Beispiel bedeutet »Walkers schwere Klaue«; dieser von Walker entdeckte Dinosaurier besaß besonders starke Klauen. Velociraptor bedeutet »schneller Jäger« und Tyrannosaurus Rex »König der Tyrannenechsen«.

Wodurch sind die **Dinosaurier** ausgestorben?

Das weiß man nicht genau. Fakt ist, dass die Dinosaurier am Ende der Kreidezeit gleichzeitig mit vielen Pflanzen und

Meeresreptilien ausstarben. Nur die Amphibien und die Säugetiere überstanden dieses große Sterben fast unbeschadet.

Warum die Dinosaurier ausstarben, ist eine verzwickte Frage. Eine zurzeit populäre Theorie schiebt es auf die Asteroiden. Zwei amerikanische Wissenschaftler, Walter und Lus Alvarez, vermuten, dass ein Asteroiden- oder Meteoriteneinschlag große Mengen an Gesteinsstaub in die Erdatmosphäre wirbelte; dadurch sei die Erde monatelang, wenn nicht länger, in Dunkelheit gehüllt gewesen. Da die Sonnenstrahlen die Wolkendecke nicht zu durchdringen vermochten, konnten die Pflanzen keine Photosynthese mehr vollziehen und verkümmerten – und so wurde die Nahrungskette unterbrochen. Ohne Futterpflanzen starben einige der kleinen Tierarten aus, und ohne Jagdbeute konnten auch einige der großen Tierarten nicht überleben. Dies ist jedoch nur eine Theorie. Eine andere besagt, dass zahlreiche Vulkanausbrüche oder auch der Ausbruch eines Supervulkans die gleichen Auswirkungen auf die Umwelt gehabt haben könnten wie ein Meteoriteneinschlag.

Bevor wir diese Theorien auf ihren Wahrheitsgehalt überprüfen, müssen wir auch ein allmähliches Aussterben der Dinosaurier in Betracht ziehen, was ebenfalls eine Möglichkeit wäre. Dass wir so weit in der Zeit zurückgehen müssen, macht die Aufgabe nicht leichter. Selbst ein so einschneidendes Ereignis wie ein Meteoriteneinschlag, das ein Massensterben unter verschiedenen Tierarten auslöste, muss keine besonders große Narbe auf der Erdkruste hinterlassen haben. Wie und warum also die Dinosaurier und viele andere Tiere ausstarben, kann nicht auf simple Weise beantwortet werden. Umso mehr Raum bleibt für Theorien.

Kann man wirklich aus uralter **Saurier-DNA** neue Tiere **erschaffen**?

Ach ja, die *Jurassic-Park*-Frage. In Wirklichkeit hat man niemals aus irgendwelchen Substanzen Dinosaurier-DNA gewonnen. Zwar hat es in der Vergangenheit Gerüchte über einen Fund von Dinosaurier-DNA gegeben, aber dann stellte sich heraus, dass es lediglich irgendeine Verunreinigung war.

Nach 66 Millionen Jahren – und so lange sind die Dinosaurier ausgestorben – wäre jede DNA ziemlich angenagt; und wenn man einen gesunden Organismus schaffen will, sollte man sämtliche Gene eines Genoms zur Verfügung haben. Genome höher entwickelter Lebewesen bilden sich aus Milliarden von Basenpaaren, und die Chance, mehr als ein paar hundert Basen aus einer sehr alten DNA zu extrahieren, ist gleich null. Selbst wenn wir viel DNA finden würden, wird sie größtenteils wertlos sein (denn bei höheren Tieren besteht mehr als 90 Prozent des Genoms aus nicht kodierbarer DNA). Im Grunde besteht also keine Hoffnung, Dinosaurier jemals wieder zum Leben zu erwecken.

Im Film *Jurassic Park* wurde die DNA in einem blutsaugenden, in Bernstein eingeschlossenen Insekt konserviert. Das war ein cleverer Schachzug, aber die Molekülketten der DNA, die den Bauplan aller Lebensformen bestimmen, sind ungeheuer lang und kompliziert. Die Chance, auch nur ein paar Fragmente von der DNA einer Tierart zu finden, die vor 66 Millionen Jahren ausstarb und zu Fossilien wurde, ist äußerst gering.

Wie **intelligent** waren die **Dinosaurier?**

Um eine Ahnung von der Intelligenz der Saurier zu bekommen, vermaß Dr. James Hopson aus Chicago ihre Schädelhöhlen, wobei er eventuelle Lücken an der Außenseite und andere Faktoren mit einberechnete. Dann verglich er das so ermittelte Gehirnvolumen mit dem anderer Tiere, und das Ergebnis war, dass die Mehrzahl der Saurier ein Hirn besaß, wie man es von einem durchschnittlichen Reptil erwartet. Sie waren also weder überschlau noch sonderlich dumm.

Nur der Stegosaurus hatte ein Gehirn von der Größe einer Walnuss und könnte demnach ein besonders dämlicher Vertreter seiner Art gewesen sein. Hingegen fanden sich auch größere Gehirne, als man erwartet hatte, insbesondere bei den kleineren, aktiven Raubsauriern – eine Tatsache, die für ihre Lebensweise als erfinderische und aktive Raubtiere spricht.

Gibt es **heute** noch **Dinosaurier?**

Ja, es gibt auch heute noch Dinosaurier – wir nennen sie Vögel. Korrekterweise werden sie »Flugsaurier« genannt: Dinosaurier mit Federn. Zumindest behauptet das die allgemeine Theorie. Im Jahre 1916 veröffentlichte der dänische Mediziner Gerhard Heilmann *The Origin Of Birds*, nachdem er viele Ähnlichkeiten zwischen Vögeln und den Skeletten Fleisch fressender Dinosaurier gefunden hatte.

In den sechziger Jahren fand ein Forscher der Yale University zweiundzwanzig gemeinsame Eigenschaften zwischen beiden Spezies und notierte ebenfalls, dass er diese bei kei-

nem anderen Tier gefunden habe. Damit ist ein guter Beweis
für die Verwandtschaft erbracht.

Haben **Dinosaurier** und **prähistorische Menschen** zusammen auf der **Erde** gelebt?

Die letzten Dinosaurier lebten vor 66 Millionen Jahren, während die frühesten menschlichen Überreste auf eine Zeit vor 200 000 Jahren zurückdatiert werden können; dazwischen klafft also eine beachtliche Lücke.

Wenn wir in die Definition des Menschen die ersten menschenartigen Affen einschließen, die in Afrika entdeckt wurden, kann man die Ursprünge des Menschen auf ungefähr 3,5 Millionen Jahre zurückdatieren. So bleiben aber immer noch mindestens 62 Millionen Jahre zwischen dem Verschwinden der Dinosaurier und dem ersten Auftauchen des Menschen.

Wissen wir etwas über **Dino-Kacke?** Ich stelle mir vor, dass überall auf der Erde **»Häufchen«** von **beträchtlicher Größe** herumgelegen haben müssen.

Ja, auch ich stelle mir im Falle von Dino-Kacke imposante Dimensionen vor. Tatsächlich ist einiges davon in fossiler Form erhalten; in Fachkreisen spricht man von »Koprolithen«. Natürlich sind Koprolithen wegen der ursprünglich weichen Beschaffenheit des Dino-Kots ziemlich selten – jedenfalls seltener als fossile Dinosaurierskelette.

Fossile Dino-Kacke ist außerordentlich hilfreich für das

Studium des Dinosaurierverhaltens. So kann man zum Beispiel durch genaue Untersuchung feststellen, ob der Saurier ein Pflanzen- oder ein Fleischfresser oder beides gewesen ist. Die Konservierung von Koproliten hängt vom ursprünglichen organischen Gehalt, vom Wassergehalt, von der Fundstelle und von der Art des Vergrabens ab. Koproliten von Fleisch fressenden Dinosauriern sind meistens besser erhalten, weil die Jäger die mineralreichen Knochen ihrer Beutetiere mitfraßen. Auch die Fundstelle der Hinterlassenschaften spielt eine Rolle: Der ideale Ort wäre ein Überflutungsgebiet, wo verschiedene Wasserläufe zusammenfließen, sodass die Dino-Kacke zunächst ein wenig dehydrierte und dann von der nächsten Flutwelle begraben wurde.

Die meisten bekannten Koprolitfunde stammen von Sauropoden, den größten Vertretern der Dinosaurier. Sie gingen auf vier Beinen und hatten einen sehr langen Hals und einen langen Schwanz.

Können Tiere
Selbstmord begehen?

Manche Leute behaupten, dass Delfine in Gefangenschaft Selbstmord begangen haben; einmal sah man ein Tier, das sich den Schädel einschlug, nachdem sein Gefährte kurz zuvor dasselbe getan hatte. In der Natur kommt es oft vor, dass Tiere ihr Leben zum Wohl ihrer Artgenossen hingeben. Bienen sterben, um ihren Stock zu beschützen; Löwinnen sterben bei der Verteidigung ihrer Jungen; manche Spinnen werden von ihren Nachkommen aufgefressen; der gemeine Oktopus geht so sehr in der Fürsorge für seinen Nachwuchs auf, dass er nicht frisst und infolgedessen verhungert. Bei manchen Bienenarten werden die Drohnen von der Königin beim Paarungsakt aufgeschlitzt, und das Männchen der Gottesanbeterin kann von seiner Partnerin während der Kopulation aufgefressen werden. Es gibt auch einige Parasiten, die ihr Wirtstier anscheinend zum Suizid treiben: Parasiten der Hummel können das Insekt dazu bringen, dass es sich in einen Teich stürzt. Und es gibt Parasiten der Süßwassergarnele, die ihren Wirt zum Schwimmen an der Wasseroberfläche treiben, bis er verspeist wird.

Warum können Hunde
nur schwarz-weiß sehen?

Diese Annahme ist weit verbreitet, aber nicht wahr. Auch Hunde können Farben sehen, aber ihr Spektrum ist begrenzt, ähnlich wie das eines Menschen mit Rotgrünblindheit. Hunde besitzen nur zwei der drei Zapfentypen – der farbempfindlichen Zellen der Netzhaut –, und zwar jene für Blau und Gelb (Gelb nimmt auch Rot wahr). Die Zapfen für die Wahrnehmung von Grün fehlen. Folglich können Hunde keinen Unterschied zwischen Rot und Grün erkennen, wohl aber zwischen Gelb und Blau.

Hundeaugen reagieren jedoch äußerst sensibel auf Bewegungen, weil sie eine größere Anzahl Stäbchen (für die Helldunkelempfindlichkeit) besitzen – eine wichtige Voraussetzung für ihre Jagdfähigkeit.

Warum **wedelt** ein **Hund** mit dem **Schwanz**, wenn er sich **freut?**

Vielleicht hat es gar nichts mit Freude zu tun. Die meisten Hunde wedeln mit dem Schwanz, um eine gewisse Zurückhaltung beim Kennenlernen fremder Hunde oder Scheu vor dem Eindringen in ein fremdes Territorium auszudrücken. Das ist nicht unbedingt eine Unterwerfungsgeste, sondern ein Zeichen, dass sie nicht auf Ärger aus sind – sie wollen einfach nur hallo sagen.

Doch wie Sie gewiss schon bemerkt haben, gibt es zwei Arten von Wedeln: das zögernde und das unterwerfende. Ein Hund nähert sich zunächst mit einem zögernden Wedeln; ist die Hackordnung dann klar, wird das Wedeln »fröhlicher«.

Warum sind **Hundenasen** feucht?

Weil Hunde nicht schwitzen können. Stattdessen sondern sie Flüssigkeit durch die Nase ab, diese Flüssigkeit verdampft, und das macht die Hundenase feucht. Hunde kühlen sich auch durch Hecheln ab, wodurch noch mehr Flüssigkeit durch die Nase verdunstet und der Körper Wärme abgibt.

Aber es gibt noch einen Grund für die feuchten Hundenasen, und der hat mit dem Riechsinn zu tun. Hunde haben eine unglaublich »feine Nase«, und die Feuchtigkeit an ihrer Nase schafft eine große nasse Oberfläche, an der die Geruchspartikel leichter hängen bleiben.

Schlafen Fische
überhaupt?

Ja, es sieht tatsächlich so aus, als würden manche Fische schlafen. Selbstverständlich nicht, indem sie in den Schlafanzug schlüpfen, brav ins Bett gehen und das Licht löschen. Fische haben von Zeit zu Zeit so etwas wie eine »Ruheperiode«. Natürlich machen sie dabei nicht die Augen zu, denn sie haben keine Augenlider.

Manche Fische treffen besondere Vorkehrungen für ihren ungestörten »Schlaf«: Tropische Papageienfische beispielsweise sondern eine gallertartige Substanz ab, die sich bei Kontakt mit Meerwasser ausdehnt und den Fisch wie eine schützende Blase umgibt, während er ruht oder »schläft«.

Für schnell schwimmende Fische wie Thunfische kann Schlaf allerdings zu einem großen Problem werden. Nur ihre eigene Vorwärtsbewegung lässt Luft durch die Kiemen strömen; folglich dürfen diese Fische niemals anhalten, können aber ihre Geschwindigkeit ein wenig drosseln.

Können **Fische hören?**

Ja, obwohl sie keine Ohren an der Seite des Kopfes haben wie wir. Der Grund dafür ist simpel: Sie brauchen keine. Wasser leitet Schall viel besser als Luft, folglich nehmen Fische Geräusche unmittelbar als Vibration im Kopf wahr. Goldfische haben offenbar das absolute Übergehör, denn ihre Knochenstruktur erlaubt eine besonders gute Weiterleitung der Vibrationen zu ihren Ohren.

Weil Wasser Geräusche so gut weitergibt, kommunizieren viele Wassertiere mittels Lautäußerungen. Die Bewohner von Hausbooten in Kalifornien hörten zu bestimmten Jahreszeiten häufig ein seltsames Summen. Gerüchten nach sollte es sich um Aliens handeln, aber schließlich stellte sich heraus, dass es der Balzruf des Krötenfisches war, um Weibchen anzulocken.

Ich habe gehört, dass **Fische** nichts spüren und daher auch **keinen Schmerz** empfinden können. Stimmt das?

Menschen empfinden Schmerz mittels Rezeptoren in der Haut, die auf mechanische und chemische Reize sowie Temperaturveränderungen reagieren. Auch Fische besitzen solche Rezeptoren, aber das muss nicht bedeuten, dass sie Schmerz auf die gleiche Weise empfinden wie wir.

Beim Menschen wird die Schmerzbotschaft auf Nervenbahnen zu den höher entwickelten Zentren des Gehirns geleitet, wo wir sie als emotionale Erfahrung namens Schmerz
wiedererkennen. Das Gehirn eines Fisches ist nicht so hoch
entwickelt und besitzt kein so genanntes Schmerzzentrum.
Statt also bei Stimulation der entsprechenden Rezeptoren
die Empfindung von Schmerz zu haben, wird der Fisch mit
einer Reflexbewegung reagieren, ohne zu wissen, warum er
das tut.

Können sich **Fische übergeben**, wenn ihnen **schlecht** ist?

Ja, Fische können erbrechen. Normalerweise ziehen sich
bei der Nahrungsaufnahme die Muskeln der Speiseröhre
zusammen (in dem als Peristaltik bekannten Prozess), und
diese Kontraktionen befördern die Nahrung in den Magen.
Doch wenn die Muskeln in die andere Richtung kontraktie-
ren als beim Schlucken, setzt der Würgereflex ein. Wieder-
käuer nutzen ihn, um aufgenommene Nahrung noch einmal
durchzukauen und dadurch besser zu verwerten. Manchmal
spucken Fische lediglich unverdauliche Futterbestandteile aus,
sie können aber auch erbrechen, wenn sie aufgeregt sind.
Zoo- und Aquarienhändler wissen, dass man Zierfische vor
dem Transport am besten nicht füttert, weil sie sonst möglicherweise mehr als üblich erbrechen – und Sie vielleicht
glauben, man hätte Ihnen einen kranken Fisch angedreht, obwohl das arme Tier nur unter Reisefieber leidet.

Wenn unser **Gartenteich** im Winter **gefriert**, wie können die **Fische** im Eis **überleben?**

Ganz einfach – sie suchen sich ein wärmeres Plätzchen und bleiben dort. Wenn Wasser kälter wird, wird es schwerer, weil seine Dichte zunimmt. Beim Abkühlen des Teiches sinkt dieses »schwere« Wasser zu Boden, und das wärmere, weniger dichte Wasser drängt zur Oberfläche. Wenn die Wassertemperatur jedoch unter 4 °C fällt, passiert etwas Seltsames: Die Dichte des Wassers nimmt wieder ab, und nun kann das eiskalte Wasser wieder aufsteigen, während das wärmere Wasser zu Boden sinkt. Eis, der leichteste Aggregatzustand des Wassers, bleibt stets an der Oberfläche. Obwohl immer noch ziemlich kalt, ist das Wasser in der Tiefe ein wenig wärmer – und genau dort halten sich Ihre Fische im Winter auf.

Können **Fische Arthritis** bekommen?

Nein, denn Fische besitzen keine Kugel- oder Sattelgelenke und werden stets vom Wasser getragen, was die Belastung von ihren Gelenken nimmt.

Können **Tiere spielen?**

Das hängt davon ab, was Sie unter Spielen verstehen. Wenn junge Katzen mit einem Wollknäuel »spielen«, ist das dann wirklich ein »Spiel« oder eher Vorbereitung auf die Mäusejagd? Wenn junge Füchse »Spaßkämpfe« veranstalten, geht es dann wirklich um »Spaß«, oder trainieren sie für den Ernstfall im Erwachsenenalter? Wenn Menschen Bridge spielen, wollen sie dann nur einen unterhaltsamen Abend verleben oder trainieren sie ihr Kurzzeitgedächtnis? Sie sehen also, es gibt eine Grauzone zwischen Lernen und Spiel.

Vielleicht wäre eine gute Definition von Spiel »ein komplexes, aber scheinbar sinnloses Verhalten, das beim Lernen eine Rolle spielen kann«. Nach dieser Definition würde man beim verspielten Verhalten junger Tiere davon ausgehen, dass sie für »das wahre Leben« üben, und das ist ja auch wirklich der Fall. Menschen sind insofern ungewöhnlich, als dass sie noch im Erwachsenenalter spielen – vielleicht haben wir noch viel zu lernen!

Und wie steht es mit den Nichtsäugetieren? Unter ihnen ist Spielen nicht sehr angesagt. Rabenvögel wie Krähen, Raben und Dohlen werden als »verspielt« angesehen, weil sie Meister der Akrobatik sind. Die Alpenkrähe zum Beispiel schießt in den Himmel, legt die Flügel an und dreht sich, sodass ihr Rücken nach unten zeigt.

Wie vermeiden **Katzen Überhitzung**, obwohl sie nicht **schwitzen** oder hecheln können?

Indem sie clever sind und ihr Leben unter Kontrolle haben. Katzen suchen sich stets ein kühles Plätzchen, planen ihre Aktivitäten und strengen sich nie über Gebühr an, um sich nicht zu überhitzen. Ich bin sicher, auch Ihnen ist schon mal die angebliche Faulheit einer Katze aufgefallen.

Sollte einer Katze doch einmal zu heiß geworden sein, dann hechelt sie mit offenem Maul; dies kommt jedoch so selten vor, dass Sie es vermutlich noch nie beobachtet haben.

Außerdem wählen Katzen ihre Sitz- und Liegepositionen mit Sorgfalt; stets trachten sie danach, so viel wie möglich von ihrer Körperoberfläche im Kühlen zu lassen und so wenig wie möglich der Hitze auszusetzen.

Wenn Katzen schwitzen, dann durch ihre Pfoten. Eine verängstigte Katze hinterlässt feuchte Pfotenabdrücke. Sie putzt sich häufig, weil der verdunstende Speichel ebenso wie das Schwitzen einen kühlenden Effekt hat.

Was sehen **Katzen**, wenn sie in den **Spiegel** schauen?

So ziemlich dasselbe wie wir. Ihre Augen ähneln den unseren, es gibt daher keinen Grund anzunehmen, dass sie etwas anderes sähen als ihr Spiegelbild. Wie sie es jedoch interpretieren, ist etwas anderes.

Wir glauben nicht, dass sie ihr Bild im Spiegel als ihr eigenes erkennen können; deshalb verhält sich ein Tier, das in den Spiegel sieht, stets so, als hätte es einen Artgenossen vor sich. Katzen pflegen sich dem Spiegel zu nähern und die Nase des vermeintlichen Artgenossen zu berühren – wobei der Kontakt mit dem kalten Glas zu einiger Verwirrung führt –, doch sie scheinen nicht begreifen zu können, dass es ihr eigenes Spiegelbild ist. Natürlich gleicht die Reaktion einer Katze derjenigen eines Babys, das sich noch nie im Spiegel gesehen hat. Im Unterschied zur Katze aber wird das Kind lernen, was ein Spiegelbild ist; eine Katze ist dazu nicht in der Lage.

Können **Katzen Farben** sehen?

Katzen können gewisse Farben erkennen, aber nicht so viele wie Menschen. Katzen scheinen Blau und Grün, Rot jedoch nur schlecht erkennen zu können. Außerdem sind die Farben für sie stumpf oder verwaschen, so wie wir sie in der Dämmerung wahrnehmen würden. Aber Katzen sind Jäger und besitzen deshalb eine sehr gute Wahrnehmung für Bewegung und Helldunkelkontraste.

Im Auge gibt es zwei Arten von Rezeptoren: die Stäbchen und die Zapfen. Die Zapfen sind für die Farbwahrnehmung zuständig und reagieren auf blaue, grüne oder rote Wellenlängen des sichtbaren Lichts. Die Stäbchen sind für die Helldunkelwahrnehmung zuständig und funktionieren eher wie eine Art Bewegungsmelder. Katzen haben außergewöhnlich empfindliche Stäbchen, mit denen sie die kleinsten Veränderungen von Hell und Dunkel wahrnehmen. Daher rührt ihr Ruf, »im Dunkeln sehen zu können«, der zum Teil der Wahrheit entspricht.

Stimmt es, dass eine **Katze** immer auf den **Füßen landet?** Warum ist das so?

Eine Katze landet nicht immer auf ihren Füßen, in den meisten Fällen aber schon. Sie kennt keine Höhenangst, und es kann passieren, dass sie auf der Jagd nach einem Vogel ins Unbekannte springt – und sich dann im freien Fall aus großer Höhe wiederfindet. Wenn die Entfernung zum Erdboden nicht allzu groß ist, kann die Katze sich meistens so ausrichten, dass sie auf die Füße fällt. Doch wenn Katzen aus sehr großer Höhe fallen, können auch sie sich ernsthaft verletzen.

Würden Sie eine Katze in Zeitlupe fallen sehen, sähe das so aus: Zuerst orientiert sie sich blitzschnell, wo oben ist, und reckt den Kopf in die entsprechende Richtung. Dann zieht sie die Vorderbeine bis fast auf Höhe des Gesichts, um es zu schützen. Danach krümmt sie den Rücken, sodass sich die vordere Körperhälfte auf einer Höhe mit dem Kopf befindet, während die Hinterbeine gebeugt sind, um den Aufprall zu dämpfen. Und in den meisten Fällen führt dies zur sanften Landung auf vier Pfoten.

Auch das einzigartige Skelett der Katze begünstigt eine weiche Landung. Ihr Rückgrat ist viel beweglicher als unseres und erlaubt zusammen mit den frei beweglichen Vorderbeinen jede Körperhaltung, die das Tier einnehmen will.

Wenn eine **Kuh** nichts als **Gras** zu fressen bekommt, nimmt sie trotzdem zu. Woher nimmt sie das **Protein**, das sie zum **Muskelaufbau** benötigt?

Auch Pflanzen enthalten Protein, nur nicht in so konzentrierter Form wie Fleisch. Deshalb müssen Pflanzenfresser wie die Kuh auch so viel in sich hineinschlingen. Um zum Beispiel das Protein aus 20 Kilogramm Rindfleisch zu produzieren, müsste eine Kuh das Gras von einem Hektar Land fressen. Elefanten sind übrigens auch Pflanzenfresser, und haben Sie schon mal einen dünnen Elefanten gesehen? Sie verbringen ungefähr achtzehn Stunden am Tag mit Fressen, wobei der durchschnittliche ausgewachsene Elefant 75 bis 150 Kilogramm Pflanzenkost braucht.

Wenn die Kuh **grünes Gras** frisst, wieso ist dann die **Milch weiß?**

Die Farbe dessen, was Tiere fressen, bestimmt nicht wirklich die Farbe des Produkts, das an irgendeinem Ende herauskommt! Eine Kuh besitzt, wie Sie wissen, nicht weniger als vier Mägen – Labmagen, Blättermagen, Netzmagen und Pansen –, mit deren Hilfe die komplette Aufspaltung der Nahrung gewährleistet ist. Spaltet man aber eine Substanz in Moleküle auf, hat sie keine Farbe mehr.

Nun also zur eigentlichen Frage: Warum ist Milch weiß? Milch ist eine Emulsion aus Fett, einem hochmolekularen Protein namens Kasein, komplexen Kalziumverbindungen und Vitaminen. Keine dieser Substanzen ist weiß. Dass uns Milch weiß erscheint, liegt daran, dass das Licht durch die Teilchen in der Emulsion gestreut wird. Und da bei der Milch alle Wellenlängen des Lichts gestreut werden und keine absorbiert wird, erscheint uns die Milch weiß.

Stimmt es, dass alle **Eisbären Linkshänder** sind?

Komischerweise werden Ihnen Menschen, die in arktischen Regionen leben, dieses Gerücht bestätigen, obwohl es keinerlei Beweise dafür gibt. Auf der ganzen Welt jedoch werden Bären mit Linkshändigkeit assoziiert, ein Umstand, der vermutlich mehr mit Kultur als mit Wissenschaft zu tun hat. Traditionell essen Bärenjäger auf Vancouver Island bei Kanada nur mit der linken Hand, um sich mit ihrer Beute zu identifizieren, denn dort ist man der Auffassung, dass Bären mit der linken Pfote nach dem Köder schlagen.

(Es geht auch das Gerücht, dass Papageien linksfüßig seien!)

Ich habe gehört, dass der **Eisbär** das einzige Tier ist, das **Menschen** aus eigenem Antrieb **auflauert** und **jagt.** Stimmt das?

Die Statistik spricht dagegen. Der Ort Churchill in Manitoba, die »Welthauptstadt der Eisbären«, wurde 1771 gegründet, und seither sind lediglich zwei Einwohner von Eisbären getötet worden. Es kann sogar vorkommen, dass Bären in gewissen Situationen geradezu schüchtern sind: Als einmal ein Bär in ein dortiges Vereinslokal geriet, rief der erschrockene Vorsitzende: »Sie sind hier nicht Mitglied! Hinaus!« Der Bär gehorchte. In ganz Kanada sind in den letzten 25 Jahren nur sechs Menschen durch Bären umgekommen und in Alaska im gleichen Zeitraum nur ein einziger.

Bei jedem tödlich endenden Zusammenstoß zwischen Mensch und Eisbär war das Tier zuvor provoziert worden.

Können **Kängurus schwimmen?**

Können sie. Es gibt in Australien Tierparks, wo man sie dabei beobachten kann, speziell an heißen Tagen. Beim Schwimmen bewegt das Känguru die Hinterbeine unabhängig voneinander, was ziemlich ungewöhnlich ist, da es dies auf festem Boden nicht tut. Wenn Kängurus hüpfen, dann immer mit geschlossenen Beinen!

Falls Sie gerade fragen wollten: Ja, ein Känguru mit einem Jungen im Beutel kann auch schwimmen. Damit das Kleine trocken und unversehrt bleibt, spannt die Kängurumutter die Muskeln rund um den Beutel an, sodass er sich verschließt.

Können **Frösche** unter Wasser hören?

Frösche besitzen keine sichtbaren Ohren wie wir Menschen, aber sie haben ein gutes Gehör. Sie benutzen zum Hören ein dünnes Trommelfell, die »Membrana tympani«, das direkt hinter ihren Augen sitzt. Zusätzlich haben sie ein Innenohr, und die meisten Froscharten verfügen auch noch über ein Mittelohr.

Frösche können wie wir unter Wasser hören. Wasser leitet den Schall besser als Luft, und auch wenn es unter Fröschen nicht sehr verbreitet ist, können sie sogar unter Wasser Laute ausstoßen, um sich mit ihren Artgenossen zu verständigen. Es gibt sogar eine Art, die an Land völlig stumm ist und sich nur unter Wasser zu Wort meldet; wahrscheinlich halten es die Frösche so, um der Aufmerksamkeit von Räubern zu entgehen.

Frösche können extrem laut sein. Die Wälder von Puerto Rico sind gesteckt voll mit männlichen Coqui-Baumfröschen – alle zehn Quadratmeter ein Exemplar, heißt es –, und jeder Frosch brüllt, was die Lunge hergibt, um die anderen zu überschreien und ein Weibchen aus der Ferne anzulocken. Das Quaken dieses kleinen Frosches ist so laut, dass

man es auf einen halben Meter Entfernung mit einer Laut-
stärke von 90 bis 95 Dezibel wahrnimmt. Das ist fast so laut
wie ein Bohrhammer.

Warum haben Tiere
Schwänze?

Darauf gibt es keine allgemeingültige Antwort. Verschiedene
Tiere benutzen ihre Schwänze für verschiedene Zwecke.
Kängurus halten mit ihren großen Schwänzen die Balance
beim Hüpfen und stützen sich beim Stehen darauf ab, sodass
der Schwanz ein »drittes Bein« bildet. Auch Affen benutzen
ihren Schwanz wie ein zusätzliches Körperglied, wenn sie
sich von Baum zu Baum hangeln.

Nagetiere haben lange Schwänze, um das Gleichgewicht
zu halten, Eichhörnchen können sich sogar in ihren Schwanz
wie unter einer Haube einhüllen. Die Schwänze von See-
pferdchen sind in der Lage, sich um Schilfrohrstängel zu
klammern und sozusagen »Anker zu werfen«.

Vogelschwänze erfüllen eine Doppelfunktion: Zum einen
dienen sie der Balance und Steuerung während des Flugs,
zum anderen benutzen die Männchen ihre prächtigen Federn,
um beim Balztanz die Weibchen zu beeindrucken – hierin ist
der Pfau unangefochtener Meister.

Fische, Haie und Delfine benutzen ihre Schwanzflosse
als Antrieb für schnelles Vorwärtsbewegen, und Kaulquap-
pen tun das ebenfalls, bis sie ihre Schwänze verlieren und
zu Kröten oder Fröschen heranreifen; bei dieser mehr land-
orientierten Lebensweise brauchen sie das Anhängsel nicht
mehr.

Kuhschwänze dienen ihren Trägern zum Vertreiben von
Fliegen und zur Säuberung der hinteren Körperhälfte; bei

Pferden verhält es sich genauso. Vorrangige Aufgaben der Schweife scheinen Fellpflege und Wohlergehen zu sein.

Schwänze können auch der Informationsübermittlung dienen: Wenn ein Kaninchen erschrickt und davonhoppelt, hüpft die weiße Unterseite seines kurzen Schwanzes auf und ab und zeigt den anderen Kaninchen so, dass eine mögliche Gefahr lauert.

Bei Haustieren wie Hunden und Katzen teilt die Position des Schwanzes viel über die Gefühle des Tieres mit, wie ihre Herrchen glauben. Ein Hund, der mit dem Schwanz wedelt, freut sich, und wenn Katzen besonders zärtlich gestimmt sind (oder ihr Fresschen haben wollen!), strecken sie den Schwanz in die Höhe und schnurren vernehmlich.

Es gibt fast so viele Gründe dafür, warum Tiere Schwänze haben, wie es Tiere mit Schwänzen gibt!

Wäre es möglich, über die **Rücken** von **Alligatoren** zu laufen, so wie es im **Film** gemacht wird?

Ja, aber zuerst müssten Sie den Alligator davon überzeugen, dass er sich bloß nicht bewegt, sonst wäre es wie ein Lauf über schwimmende Baumstämme. Ihr Gewicht jedoch könnte der Rücken des Alligators wahrscheinlich spielend tragen. Bleibt allerdings das Problem, dass der Alligator beim Einatmen unter die Wasseroberfläche sinkt. Sie müssten ihm also noch beibringen, die Luft anzuhalten, während sie über ihn laufen.

Wenn einer der **Alligatoren** wegrennen würde, wie **schnell** könnte er werden?

Der schnellste Alligator, der je gemessen wurde, erreichte 17 km/h. Ein durchschnittlicher Alligator schafft 14 km/h, eine Geschwindigkeit, die auch der Durchschnittsmensch mit Leichtigkeit schafft, zumal auch der Alligator nur über kurze Distanzen sprinten kann. Aber ein Alligator läuft normalerweise nicht davon; stattdessen arbeitet er mit List und wartet in aller Ruhe auf seine Opfer. Er kann unglaublich schnell zuschlagen und hat sein Opfer meist schon gepackt, bevor das arme Ding reagieren kann – von Flucht gar nicht zu reden.

Eine letzte Warnung. Glauben Sie nicht, Sie könnten einem Alligator entkommen, indem Sie auf einen Baum klettern – eine seiner Tugenden ist Geduld, und wenn es nötig ist, wird er mit aufgesperrtem Maul eine geschlagene Woche unter dem Baum sitzen bleiben.

Haben **Hunde** einen besseren **Geruchssinn** als wir?

Die Hundenase hat das vierfache Volumen unserer Nase; während die menschliche Nase ungefähr fünf Millionen Siebbein- oder Geruchszellen besitzt, können manche Hundearten mit mehr als zweihundert Millionen auftrumpfen. Eine Hundenase ist speziell für das Aufspüren von Gerüchen angelegt: Sie ist groß und immer feucht, was das Auffinden und Unterscheiden von Duftpartikeln erleichtert. Wenn ein Hund auf einen Geruch stößt, beginnen seine Speicheldrüsen zu arbeiten; auch das gehört zum Riechvorgang, weil die feuchte Zunge dem Aufspüren und Unterscheiden weiterer Geruchspartikel dienlich ist.

Warum können **Tiere** **rohes Fleisch** fressen, ohne **Schaden** zu nehmen, und wir **Menschen** nicht?

Wildtiere haben immer schon, seit Tausenden von Jahren, rohes Fleisch gefressen. Menschen *können* rohes Fleisch zu sich nehmen, und in manchen Gegenden der Welt hält man Tatarbeefsteak für eine Delikatesse. Aber normalerweise garen wir Fleisch, und zwar aus zwei Gründen: Erstens schmeckt es uns so besser, und zweitens schützen wir uns vor Keimen, indem wir es garen.

Wenn Tiere rohes Fleisch fressen, ist es meistens frisch; sie müssen es nicht über weite Strecken transportieren und an Geschäfte und Restaurants liefern, und die Frische spielt bei der leicht verderblichen Ware Fleisch eine zentrale Rolle. Menschen reagieren empfindlich auf die vielen Mikroorganismen, die man im Fleisch findet und die uns sehr krank machen können. Je älter das Fleisch ist, desto mehr Mikroorganismen haben sich in ihm breitgemacht. Gart man es jedoch, kann man die meisten dieser schädlichen Bakterien und Viren vernichten.

Tiere haben eine viel bessere Widerstandskraft gegen diese Erreger entwickelt. Haustiere wie Katzen und Hunde stehen irgendwo zwischen uns und ihren wilden Artgenossen und gehen auf eigene Art mit Nahrungsmitteln um. Katzen schützen sich hauptsächlich durch sehr bedachtsames Fressen und verlassen sich auf ihre untrügliche Nase, die ihnen verrät, wenn eine Speise »hinüber« ist. Wenn nötig, fressen sie so lange Gras, bis sie erbrechen müssen. Hunde sind Aasfresser und nehmen so ziemlich alles, was sie kriegen können, weil ihr unglaublich robustes Verdauungssystem mit fast allem klarkommt – sollten sie aber zufällig Gift fressen, können auch sie erbrechen.

Wir armen Menschen jedoch sind viel anfälliger als unsere Haustiere, deshalb garen wir Fleisch.

3. Vögel, Bienen und kleine Krabbelviecher

Niesende Vögel und Spinnennetze

Warum **stoßen Vögel** während des Flugs nicht **zusammen?**

Weil sie ein hervorragendes Reaktionsvermögen haben. Stellen Sie sich Kinder beim Korbballspiel vor. Jeder Spieler muss seinen Gegner im Auge behalten, damit dieser sich nicht den Ball schnappt; er muss also auf jede Richtungs- und Geschwindigkeitsänderung reagieren. Darin sind wir Menschen im Vergleich zu den Tieren ziemlich lahm.

Die Reaktionszeiten von Vögeln sind hingegen unglaublich schnell. Ein Vogel kann innerhalb eines Sekundenbruchteils auf die Richtungsänderung seines Schwarmnachbarn reagieren. In einem Schwarm behält jeder Vogel seinen Flugnachbarn genau im Auge, und weil alle so reaktionsschnell sind, wirkt es so, als würde der ganze Schwarm gleichzeitig die Richtung ändern. Könnten Sie das Ganze jedoch in Zeitlupe betrachten, würden Sie sehen, dass es doch nicht zeitgleich war. Zwischen der Bewegung eines Vogels und der entsprechenden seines Flugnachbarn gibt es eine winzige Verzögerung – dennoch ist die Reaktion schnell genug, um Zusammenstöße zu vermeiden.

Warum **singen Vögel** frühmorgens
nach dem **Aufwachen?** Ich liebe ihr
Morgenkonzert, auch wenn es manchmal
sehr laut wird. Aber ich würde doch
zu gern wissen, warum sie alle zur
gleichen Zeit singen müssen.

Vogelgesang birgt weitaus mehr als musikalischen Inhalt. Vom Standpunkt der Vögel aus gesehen hat er mit Musik herzlich wenig zu tun. Es geht nur um die Festlegung und Verteidigung von Territorien. Vögel singen, um Partnerinnen anzulocken und Rivalen abzuschrecken. Außerdem kann der Gesang andere Vögel vor unmittelbarer Gefahr warnen. Jungvögel wiederum benutzen eigene Laute, um ihre Eltern darauf hinzuweisen, dass sie gefüttert werden müssen.

Es steht außer Zweifel, dass Vogelgesang am besten morgens zu hören ist. Das ist auf der ganzen Welt so, vom Regenwald bis zu den gemäßigten Breiten, aber wir wissen immer noch nicht genau, warum Vögel zu dieser Tageszeit so viel singen. Es könnte daran liegen, dass es in der Morgendämmerung so ruhig ist. Messungen haben ergeben, dass der Gesang am Morgen zwanzig Mal weiter getragen wird als zu anderen Tageszeiten. Außerdem haben Vögel so früh am Morgen nicht viel anderes zu tun: Das Licht ist noch zu schwach zur Jagd, und die Insekten sitzen nach der Nachtkälte noch in ihren Verstecken. Also stimmen die Vögel ihr Morgenkonzert an. Genießen Sie es! Es ist eines der Wunder unserer Erde.

Können **Vögel niesen?**

Das können sie auf jeden Fall. Hauptsächlich werden Sie dabei jedoch Ihre Käfigvögel ertappen, und häufigste Ursache ihres Niesens ist der enge Kontakt zum Menschen. Und wie beim Menschen kann Niesen auf eine Erkältung hindeuten.

Wie können Feldlerchen **fliegen** und dabei **gleichzeitig singen** und **atmen?**

Es ist eine Art Prahlerei. Indem der Feldlerchenmann zeigt, dass er diese drei Dinge gleichzeitig beherrscht, präsentiert er sich als bester Hahn im Stall; die Weibchen sollen nur ihn beachten.

Doch selbst die talentierteste Feldlerche kann nicht ewig singen, auch wenn es uns so erscheint. Der Eindruck des ununterbrochenen Gesangs rührt von unserer Unfähigkeit her, Pausen in einer sehr raschen Tonabfolge wahrzunehmen. Tatsächlich gibt es kurze Pausen im Gesang, in denen der Vogel Luft holt. Unser Wissen darüber, wie er tatsächlich Gesang und Atmung vereint, ist aber noch sehr lückenhaft.

Wenn ich meinen Kopf unter Wasser stecke, sieht alles verschwommen aus. Wie können Tauchvögel wie Enten unter Wasser sehen?

Die Unterwasserwelt nehmen wir verschwommen wahr, weil unsere Augen unter Wasser nicht richtig fokussieren können. Licht fällt durch Wasser auf die gleiche Weise wie durch die Hornhaut unseres Auges, und es findet keine Lichtbrechung statt wie üblicherweise beim Übergang des Lichts von einem Medium in ein anderes. Das empfangene Bild wird nicht richtig fokussiert, weil es nicht durch Luft transportiert wird, das Medium, an das unsere Augen angepasst sind. Wenn man eine Tauchermaske aufsetzt, stellt man die Grenze Luft/Hornhaut wieder her und erhält ein klares Bild. Fische besitzen viel dickere, stark gekrümmte Linsen, mit denen sie unter Wasser fokussieren können.

Bei Tauchvögeln gibt es zwei Möglichkeiten, wie sie sich den Gegebenheiten unter Wasser anpassen könnten. Die Linse ihrer Augen kann dicker oder dünner werden, um das Sehen über und unter Wasser zu gestatten. Die zweite und plausiblere Erklärung lautet: Dem Vogel ist klar, dass der Fisch nicht dort sein kann, wo er zu sein scheint, da sein Bild durch die Lichtbrechung verzerrt wird, und so berechnet er die geringfügige Verzerrung bei seinem Tauchgang mit ein. Dieses Verhalten kann eine Ente manchmal klüger erscheinen lassen, als sie ist.

Können **Eulen** ihren **Kopf** tatsächlich **rundum drehen?**

Nein, können sie nicht, sonst würde ihr Nervensystem in Mitleidenschaft gezogen. Aber sie können ihren Kopf um etliche Grad weiter drehen als andere Tiere.

Das Gesichtsfeld von Vögeln reicht von ein paar wenigen Grad bis zu vollen 360° – ein guter Hinweis darauf, ob der fragliche Vogel Raubvogel oder Beute ist. Bei Beutetieren sitzen die Augen meistens seitlich am Kopf, was ihnen eine Rundumsicht von 360° ermöglicht und somit die frühzeitige Warnung vor drohender Gefahr. Bei Raubtieren hingegen sitzen die Augen eher vorn; dadurch erweitert sich das beidäugige Sehfeld, das ihnen eine genaue Größen- und Entfernungswahrnehmung ermöglicht und eine bessere Tiefenschärfe vermittelt. Außerdem können Raubvögel bei schwachem Licht besser sehen.

Eulen haben ein 60°-Blickfeld nach vorn, nach hinten jedoch ein ausgedehntes Blindfeld von ungefähr 130°. Das Sehvermögen der meisten Vögel bewegt sich zwischen diesen beiden Extremen. Eulen jedoch können ihre Köpfe weiter nach hinten drehen, um dem Effekt dieses ausgedehnten toten Winkels entgegenzuwirken.

Warum kriegen **Spechte** keine **Kopfschmerzen?**

Das Gehirn eines Spechts ist sehr klein und von Flüssigkeit umgeben. Zudem sitzen Stoßdämpfer im Schnabel des Vogels. Vermutlich bewirkt dies, dass ihm die ganze Hämmerei wenig ausmacht.

Warum können **Hühner** nicht **fliegen?**

Eine gute Frage! Sie bringen sämtliche Voraussetzungen zum Fliegen mit, einschließlich Flügeln und Luftsäcken um ihre Lungen, und ihre Knochen besitzen zahlreiche Luftfüllungen, damit sie leichter sind. Aber Hühner haben das Pech, seit Jahrhunderten eine wichtige Nahrungsquelle des Menschen zu sein. Im Zuge ihrer Domestikation haben sie allmählich das Fliegen verlernt. Archäologische Ausgrabungen haben ergeben, dass das Huhn bereits im Jahre 3250 v. Chr. in menschlichen Ansiedlungen in der asiatischen Induskultur heimisch war. Seitdem haben wir Hühner um der Qualität ihres Fleisches willen gezüchtet und ihnen gleichzeitig die Fähigkeit zum Fliegen abgezüchtet (wenn auch einige Rassen immer noch klägliche Versuche dazu machen).

Vermutlich sind Ihnen schon einmal die beiden Fleischarten eines Brathähnchens aufgefallen, weißes und dunkles Fleisch. Dieses kommt zustande durch den Mengenanteil eines Pigments namens Myoglobin im Muskelfleisch, eng verwandt mit dem Hämoglobin, das für den Sauerstofftransport im Blut verantwortlich ist. Wenn ein Muskel ausgiebig und lang andauernd benutzt wird, erhöht sich die Menge des Myoglobins im Gewebe. Deshalb haben Zugvögel wie Enten und Gänse dunkleres Fleisch in der Brustmuskulatur, denn diese Muskeln werden beim Fliegen angespannt. Hühnerbeine haben ebenfalls dunkles Fleisch, weil Hühner diese Muskeln stärker nutzen als die Brustmuskulatur. Aber das Fleisch ihrer Flügel ist weiß, denn Hühner fliegen nicht mehr.

Warum **wippen Taubenköpfe** beim **Gehen** vor und zurück?

Die Tauben in unseren Städten sind Wildtiere. Sie fürchten Raubvögel und sind daher ständig in Alarmbereitschaft. Da ihre Augen an den Seiten des Kopfes sitzen, verfügen sie bereits über ein ziemlich großes Sichtfeld, versuchen es aber noch zu erweitern, indem sie mit dem Kopf ständig vor und zurück wippen.

Das ist eine Theorie, aber durchaus nicht die einzige. Eine andere Lehrmeinung zu dem Thema lautet, dass es nicht der Taubenkopf ist, der sich bewegt, sondern der Körper des Tieres. Nachdem deutsche Wissenschaftler über einen längeren Zeitraum hinweg Tauben beobachtet und ihre Bewegungsabläufe in kleinste Einheiten zerlegt haben, gaben sie dieser Theorie Recht und begründeten sie damit, dass ihr bewegungsloser Kopf der Taube erlaube, Geschwindigkeit und Entfernungen besser einzuschätzen.

Wie finden **Brieftauben**
nach **Hause?**

Niemand hat es je nachgeprüft, aber es gibt gegenwärtig zwei Theorien. Die erste besagt, dass die Tiere eine Art »Geruchskarte« benutzen, die ihnen seit ihrer Jungvogelzeit durch eine Vielzahl von Windbewegungen eingeprägt ist; wenn sie einmal den Geruch der Heimat kennen, finden sie immer zurück zu ihrem Taubenschlag. Die andere, plausibler klingende Theorie besagt, dass sie sich nach dem Magnetfeld der Erde richten, um einen bestimmten Längen- und Breitengrad anzupeilen. Aber genau weiß man es nicht.

Ich habe gehört, dass eine
»Umkehrung« der irdischen
Magnetpole überfällig sei.
Können **Brieftauben** dann
immer noch **nach Hause** finden?

Selbst wenn diese Umkehrung stattfinden sollte, würde der Prozess zwischen ein paar tausend und siebzigtausend Jah-

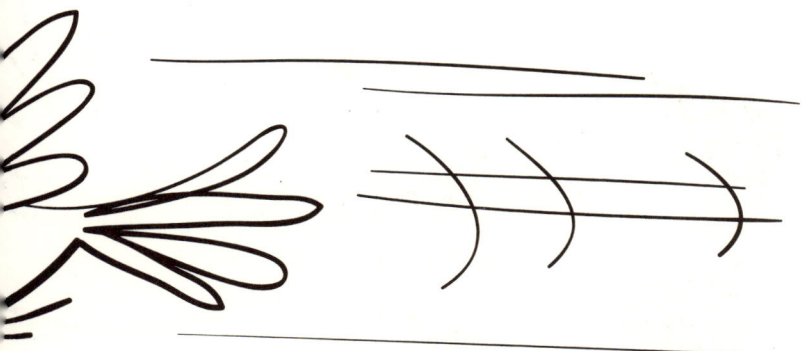

ren dauern. Für die Menschen spielt es inzwischen kaum noch eine Rolle, wenn Magnetkompasse nicht mehr verlässlich sind, einige Tierarten hingegen sind auf die Magnetpole angewiesen. Experimente haben zweifelsfrei gezeigt, dass Kröten auf ihren Wanderungen stark vom Magnetfeld der Erde abhängig sind; auch Fische könnten betroffen sein, aber darüber wissen wir noch nicht viel.

Es ist also fast unmöglich vorherzusagen, wie die Folgen aussehen könnten, selbst für Brieftauben; zum einen verstehen wir noch nicht, was bei einer Umkehrung der Magnetpole genau geschieht, zum anderen ist noch nicht erforscht, warum sich Tiere mit solcher Leichtigkeit über gewaltige Entfernungen hinweg zurechtfinden. In der Vergangenheit scheint die Umkehr der Magnetpole jedenfalls nicht für ein Massensterben von Tieren verantwortlich gewesen zu sein, deshalb nehmen wir an, dass die Auswirkungen auf die Tierwelt gering wären.

Wie schaffen es **Hummeln** zu **fliegen?** Ihre **Flügel** wirken viel **zu klein,** um sie tragen zu können.

Hummeln können fliegen, weil die Bewegungsgesetze, denen sie unterliegen, andere sind als jene, die für von Menschenhand gebaute Flugmaschinen gelten. Besäße ein Flugzeug Gewicht und Form einer Hummel, könnte es sicher nicht fliegen. Aber Hummeln und Flugzeuge fliegen nicht auf die gleiche Weise.

Ein Flugzeug wird durch die unterschiedliche Luftbewegung oberhalb und unterhalb seiner Tragflächen in der Luft gehalten. Die Form seiner Flügel lässt Luft schneller über die

Oberseiten strömen als über die Unterseiten; dies führt zu einem Druckabfall über und einem Druckanstieg unter dem Flügel. So erhält das Flugzeug seinen Auftrieb.

Hummeln fliegen eher in der Art von Hubschraubern. Ihre Flügel sind in ständiger Bewegung, dadurch erhalten sie den Auftrieb. Weil Hummeln überdies ziemlich klein sind, ist Luft für sie eher eine zähe Flüssigkeit, ähnlich wie Sirup. Ihre Flügel erzeugen einen Wirbel, der ihnen Auftrieb und Vorwärtsbewegung verschafft.

Warum surren **Fliegen** ständig um eine **Glühbirne** herum, selbst wenn das **Licht aus** ist?

Das tun sie gar nicht, es sieht nur so aus. Es liegt daran, dass Sie die Quälgeister nur dann wahrnehmen, wenn sie Ihnen besonders auf die Nerven fallen – hinzu kommt, dass die Biester vermutlich nur durch Ihre Anwesenheit aufgescheucht worden sind. Andernfalls würden sie nur friedlich dasitzen und sich ihrer widerlichen Aufgabe als Überträger von Krankheiten widmen.

Wenn Fliegen jedoch in der Luft umhersurren, scheint es so, als würden sie die Mitte eines Raumes vorziehen – es sei denn, draußen ist heller Tag, dann zieht es sie eher ins Freie. Es gibt die Theorie, dass Fliegen Ecken nicht leiden können, es könnte jedoch auch sein, dass sie die Lampe (in der Mitte des Zimmers) mögen, weil man dort gut auf der Lauer sitzen und sich auf einen Rivalen stürzen oder einen Sexualpartner anlocken kann. Wenn sich eine weibliche Stubenfliege auf einer Lampe niederlassen will, wird sie von dem Männchen abgefangen, das den Luftraum in der Nähe patrouilliert und so als Erster vor Ort ist; deshalb wetteifern die Männchen um diese bevorzugte Position, um sich auf jede Fliege stürzen zu können, die in ihren Luftraum eindringen will.

Ich weiß ein nettes Spielchen für Sie, wenn Sie Ihrerseits die Fliegen ärgern wollen: Wenn Sie das nächste Mal eine Stubenfliege um eine Ihrer Deckenlampen zirkeln sehen, versuchen Sie doch mal, einen Fremdkörper in ihre Flugbahn zu werfen (ein Papierbällchen von Fliegengröße dürfte prima funktionieren). Die Fliege wird mit an Sicherheit grenzender Wahrscheinlichkeit ihren Kreis verlassen und sich auf den »Eindringling« stürzen, der ihren Luftraum zu okkupieren versucht.

Wie **starten** und **landen Fliegen** an der **Decke?**

Im Anflug an die Decke vollführen sie eine rasche Drehung und treffen entweder mit dem vorderen oder dem hinteren Beinpaar auf die Oberfläche, dann ziehen sie das andere nach. Wenn sie auf einer unebenen Fläche Halt suchen, benutzen sie ihre Klauen. Um sich auf glatter Oberfläche zu halten, benutzen sie klebrige Ballen: Diese ähneln Fußmatten mit Haaren und Flüssigkeit an deren Spitzen.

Um von der Decke zu starten, lösen sie die Füße von der Oberfläche und vollführen die Drehung in die andere Richtung. Es ist schade, dass es solche garstigen Tiere sind – andernfalls könnte man ihre Künste nur bewundern.

Wann genau **dreht** sich die **Fliege** beim **Landen** an der **Decke,** sodass sie **»verkehrt herum«** sitzt?

Früher war man der Ansicht, dass die Fliege kurz vor der Landung eine atemberaubende Drehung vollführt, Bruchteile von Sekunden vor dem Kontakt mit der Oberfläche. Durch Filmaufnahmen haben Wissenschaftler jedoch herausgefunden, dass dies nicht stimmt. Die wirkliche Methode ist viel eleganter.

Im Anflug auf die Decke streckt die Fliege ein Beinpaar der Oberfläche entgegen, und dieses Beinpaar trifft auch als Erstes auf. Da die Fliege nun mit zwei Beinen sicher an der Decke »klebt«, benutzt sie ihren eigenen Schwung, um den Rest ihres Körpers auf die Decke »fallen zu lassen«.

Wie bewegen **Spinnen** ihre **Beine?**

Die Muskeln der Spinne sind an der Innenseite des Außenskeletts befestigt und bewegen sich in »gegenüberliegenden Paaren«. Zum Teil beruht ihre Beinbewegung auch auf Hydraulik. Sie können ihre Beine ausstrecken und den Blutdruck extrem hochpumpen; die Springspinne kann damit einen solchen Druck aufbauen, dass sie es schafft, mit einem Sprung das 25-Fache ihrer Körperlänge zurückzulegen.

Warum bleiben **Spinnen**
nicht an ihren **Netzen kleben?**

Wenn man eine Spinne vom Netz abpflückt und wieder daraufwirft, kann sie durchaus an ihrem eigenen Netz kleben bleiben. Doch die Füße einer Spinne, die Tarsen, sind mit einem nicht klebenden Sekret überzogen und verhindern normalerweise beim Spinnen des Netzes das Festkleben.

Kann es passieren, dass eine
Spinne das **verlassene Netz**
einer anderen Spinne **benutzt?**

Im Allgemeinen nicht, es gibt aber Ausnahmen. Ein Spinnenmännchen kann sich bei der Brautwerbung in das Netz eines Weibchens begeben und nach der Paarung einfach im Netz sitzen bleiben und sich etwas zu essen holen, wenn das Weibchen gerade nicht hinsieht. Falls das Weibchen aus irgendeinem Grunde stirbt, übernimmt das Männchen das Netz, bis äußere Einwirkungen es zerstören.

Es gibt allerdings eine Spinnenart, die Piratenspinne, die so langsam in das Netz einer anderen Spinne kriecht, dass man ihre Bewegungen nicht einmal wahrnimmt. Die bedrohte Spinne spürt, dass etwas nicht stimmt, doch dann ist es bereits zu spät, denn sobald die Piratenspinne nahe genug herangekommen ist, beißt sie die andere Spinne und injiziert ihr tödliches Gift. Im Anschluss verspeist die Piratenspinne ihr Opfer zum Abendessen.

Wie kann eine **netz-spinnende** Spinne ihren **Standort wechseln?**

Sie wartet einfach auf günstigen Wind! Ein Spinnennetz besteht aus Spinnseide, die als Flüssigkeit aus dem Hinterleib der Spinne kommt, rasch an der Luft trocknet und sehr dünne Fäden bildet. Diese Spinnfäden sind unglaublich stark, stärker als jeder Kunststoff oder jedes Metall.

Leider können Spinnen keine Fäden ausschießen wie Spiderman. Und so müssen sie den Wind benutzen. Die Spinne hängt an ihrem Faden, bis sie von einem Windstoß erfasst und an einen anderen Ort getragen wird, wo sie das andere Ende des Fadens befestigt. Wenn der erste Faden sicher befestigt ist, kann sie mit dem Spinnen ihres Netzes beginnen.

Warum spinnen **Spinnen** ihre Netze nach **unterschiedlichen Mustern?** Sind diese auf den Fang **unterschiedlicher Insekten** abgestimmt?

Eine sehr interessante Frage! Tatsächlich können Sie eine Spinnenart anhand ihres Netzes bestimmen; das Netz ist fast so etwas wie ein Fingerabdruck. Und Sie haben Recht mit Ihrer Vermutung – die verschiedenen Arten von Netzen sind auf unterschiedliche Beutetiere ausgerichtet: Ein Netz in Bodennähe zum Beispiel soll Insekten wie Grashüpfer einfangen, während ein Netz über dem Boden Fluginsekten fängt.

Vertikale Netze in Büschen fangen fliegende Beute, während Netze in Bodennähe für springende Beutetiere gewebt sind. Horizontale Netze fangen Beuteinsekten, die von umstehenden Pflanzen fallen oder springen. Schräg stehende Netze sind für verschiedene Arten von Beutetieren gedacht.

Eine winzige **Spinne** lässt sich abends einen
bis anderthalb Meter in unser Zimmer herab,
hängt dort eine Weile **herum** und
krabbelt dann wieder zur Decke **hoch.**
Was passiert mit dem **Spinnfaden,**
an dem die Spinne hängt? Zieht sie ihn
wieder ein, **frisst sie ihn auf** … oder was?

Der seidene Faden bleibt hängen und bewegt sich im Luftzug, er ist aber so dünn, dass man ihn nicht immer sieht. Spinnen lassen immer einen Faden hinter sich, entweder als Rettungsleine, falls sie abstürzen, oder als Führungsseil zurück zum Ausgangspunkt. Auf einer Wiese kann man morgens die Tautropfen in einer Menge schimmernder Spinnfäden glitzern sehen, wenn sich die Fäden im Wind bewegen. Manchmal fressen Spinnen auch ihre eigenen Fäden, um die enthaltenen Proteine wieder zu verwerten und etwaige Pollen aufzunehmen, die an den Fäden hängen geblieben sind. Für noch nicht ausgewachsene Spinnen sind sie eine wichtige Proteinergänzung.

Können **Spinnen sehen?**
Eine ist mir mal genau
unter den Fuß gekrabbelt.

Spinnen besitzen je nach Art zwei, drei oder vier Augen-
paare. Man sollte meinen, damit könnten sie hervorragend
sehen, aber das ist nicht der Fall. Spinnen benutzen stattdessen Tastorgane, um sich zu orientieren und Beute zu finden.
Manche Tastorgane geben ihnen Rückmeldung, wo sich ihre
eigenen Körperteile – zum Beispiel die Beine – im Moment
befinden, andere teilen ihnen Informationen über die Umgebung mit.

Die Haare vieler Spinnen sind Teil dieses sensorischen
Mechanismus. Wenn ein Haar mit etwas in Berührung
kommt, gibt der mit dem Haar verbundene Nerv der Spinne die Information, dass da etwas ist. Spinnen besitzen noch
andere, besonders spezialisierte Haare namens *Trichobothria*,
mit denen sie kleinste Vibrationen, zum Beispiel das Summen von Insektenflügeln, wahrnehmen können.

Und Spinnen können noch auf andere Art »sehen«,
ohne ihre Augen zu benutzen. Sie besitzen so genannte
Schlitzsinnesorgane, die sich meistens an den Beinen befinden. Mit Hilfe dieser Organe merkt eine Spinne im Netz, ob
sich Beute darin verfangen hat.

Ihre Spinne hat vermutlich Ihren Fuß nicht gesehen. Und
da Ihr Fuß nicht summt wie eine Biene und Sie auch nicht im
Netz der Spinne hängen geblieben waren, wusste sie nicht,
dass Sie ihr im Weg standen, bis sie mit den Sinneshaaren
Ihren Fuß spürte!

Wie **graben** sich **Würmer**
im Hochsommer durch
harte Erde?

Die meisten Regenwürmer graben sich Spalten; sie suchen Risse in der Erde, zwängen ihren Körper hinein und bewegen sich auf eine Weise, die man peristaltische Fortbewegung nennt: Ringförmige Muskeln dehnen sich aus und ziehen sich zusammen, fließen wie eine Wellenbewegung durch den Wurmkörper und drücken ihn vorwärts; wenn ein Muskel angeschwollen ist, dient er als Fixierpunkt in der engen Spalte. Wenn die Erde voller Nährstoffe steckt oder sehr dicht ist, frisst sich der Wurm sozusagen hindurch.

Während kalter oder trockener Perioden bohren sich viele Wurmarten tiefer in die Erde als gewöhnlich, stellen die Nahrungsaufnahme ein, rollen sich zusammen und warten auf besseres Wetter. Wenn wir einen Wurm in harter, trockener Erde finden, können wir mit Sicherheit annehmen, dass er sich eingegraben hat, als die Erde feuchter und weicher war. Die Wände eines Wurmbaues sind durch die Bewegungen des Wurms zusammengepresst und mit Schleim und Urin geglättet – das ist bequemer für die Würmer als die harte Erde.

Wie **leuchtet**
ein **Glühwürmchen?**

Glühwürmchen und Leuchtkäfer bedienen sich dazu eines Prozesses, der Biolumineszenz genannt wird. Ihre Licht erzeugenden Organe enthalten einen Stoff namens Luziferin unter der transparenten Oberhaut, unter der sich besonders dichtes Gewebe befindet, das vermutlich als eine Art Reflektor dient. Um Licht zu erzeugen, reagiert das Luziferin mit Sauerstoff und dem Enzym Luziferase. Dadurch entstehen Oxyluziferin und Energie, die als Licht ausgestoßen werden. Später wird das Oxyluziferin wieder in Luziferin umgewandelt, damit der Prozess von Neuem beginnen kann.

Anders als beim Feuer oder bei der Glühbirne wird extrem wenig Energie in Wärme umgewandelt – es ist eine der effektivsten Methoden, Licht zu erzeugen. Das Licht der hellsten Leuchtkäfer ist nur $^1/_{40}$-mal so hell wie das Licht einer Kerze, aber es strahlt auf einer Wellenlänge, für die das menschliche Auge sehr empfänglich ist – hell genug, dass man sogar ein Buch lesen kann. In China und Japan vorkommende, besonders hell leuchtende Leuchtkäferarten sind von armen Studenten just zu diesem Zweck benutzt worden.

Wie hoch ist die durchschnittliche **Lebenserwartung** einer **Nacktschnecke?**

Schlechte Nachrichten für Gärtner: Eine große Nacktschnecke kann acht bis zehn Jahre alt werden. Die kleineren leben nur ungefähr sechs Monate.

Warum fliegen **Motten** ins **Licht?**

Wenn ich Ihnen sage, dass sie das Licht in Ihrem Schlafzimmer mit dem Mond verwechseln, glauben Sie mir wahrscheinlich nicht, aber es ist wahr. Motten orientieren sich am Licht des Mondes als konstantem Bezugspunkt und fliegen in einer einigermaßen geraden Linie mit dem Mond an einer

Seite. Wenn sie auf helles künstliches Licht stoßen, versuchen sie sich ebenso zu verhalten, müssen jedoch, wenn das Licht auf einer Seite bleiben soll, im Kreis fliegen. Die Helligkeit des Lichts verwirrt sie, und die Kreise werden immer enger, bis die Motten schließlich an die Glühbirne stoßen.

Wovon hat sich die **Kleidermotte** ernährt, bevor es **Kleider** gab?

Kleidermottenlarven leben nicht nur in Wolle, sondern auch in Vogelnestern und Säugetierbauen. Dort ernähren sie sich von einer Mischung aus Abfall und dem Fell oder der Wolle des Tieres, hinzu kommen Pilze. Sie fressen also nicht nur Kleider. Kleidermotten gehören zu einer kleinen Gruppe eng miteinander verwandter Insekten, die die einzigartige Fähigkeit entwickelt haben, Keratin zu verdauen – das Protein, aus dem Fell, Wolle, Haare und Federn (und Zehennägel und abgestorbene Hautschuppen) aufgebaut sind. Bevor wir Menschen anfingen, bequeme Nahrung für Motten in Form von Wintergarderobe in Schränken aufzubewahren, haben sie sich an anderen Sachen gütlich getan, was sie auch immer noch tun.

Wie weit können **Ameisen** sehen?

Das kommt auf die Funktion der Ameise an. Manche Arbeiterinnen haben gut entwickelte Augen und können von Zweig zu Zweig hüpfen, andere haben stark zurückgebildete Augen, und die Arbeiterinnen der Treiberameise haben überhaupt keine Augen. Manche Ameisen müssen ein hervorragendes Sehvermögen besitzen: Die »Springameisen« in Indien springen bis zu einem Meter hoch, um fliegende Beute mit ihren langen Mandibeln zu greifen. Obwohl wir nicht genau wissen, wie sie das machen, müssen sie dafür zumindest sehr gut sehen können. Aber eine

Ameise »sieht« nicht wie wir. Menschen sehen ein großes Bild, Insekten hingegen sehen viele kleine Bilder, ungefähr so wie im Fenster eines Geschäfts mit vielen Fernsehapparaten, die alle dasselbe Programm zeigen.

Wie sieht das **Leben einer Ameise** aus? Hat sie auch mal **frei?**

Ein Ameisenleben besteht aus vier Stadien – Ei, Larve, Puppe und ausgewachsenes Tier – und dauert acht bis zehn Wochen. Die Königin verbringt ihr ganzes Leben damit, Eier zu legen. Die Arbeiter sind weiblich und kümmern sich um das Nest; die größeren Ameisen, die Soldaten, verteidigen die Kolonie. Zu bestimmten Jahreszeiten bringen viele Ameisenarten geflügelte Männchen und Königinnen hervor, die sich in der Luft paaren. Kurz darauf sterben die Männchen, und die befruchtete Königin gründet ein neues Nest.

Ob Ameisen auch mal Freizeit haben, hängt von der Temperatur und mithin von der Jahreszeit ab. Ameisen sind nur aktiv, wenn es ihnen warm genug ist. An kalten Tagen und

Nächten schlafen sie im Nest, aber sobald es wärmer wird, werden sie agil und beginnen mit der Arbeit. Sie haben funktionelle Komplexaugen, die ihnen eine Orientierung mittels der Sonne ermöglichen. Selbst in den Tropen, wo es immer warm ist, sind Ameisen nur tagaktiv, denn in der Nacht finden sie sich kaum zurecht.

Haben **Ameisen** Blut und **Knochen?**

Nein, sie haben keine Knochen. Ihr Skelett besteht aus Chitin, einer wachsartigen, plastikähnlichen Substanz. Chitin hüllt den Körper der Ameise ein, man könnte also sagen, sie trägt ihr Skelett außen.

Insekten haben Blut, doch im Gegensatz zum Menschen, bei dem die Hauptaufgabe des Bluts im Transport von Sauerstoff besteht, dient ihres nur dazu, Nährstoffe durch den Körper zu schleusen. Ameisen haben ein Herz, das Blut durch ihr erstes Körpersegment pumpt, aber es besteht lediglich aus einer einfachen, langen, dünnen Röhre.

Wie **riechen** Insekten?

Insekten besitzen eine Vielzahl »Geruchsorgane«, bestehend aus *Sensillen,* kleinen Sinneshärchen, die Berührung, Geruch, Geschmack, Hitze oder Kälte wahrnehmen. Jede *Sensille* besteht aus nur einer Sinneszelle und einer Nervenfaser.

4. Ganz nüchtern betrachtet

Herbstlaub, reife Tomaten und Bazillen

Welche **Funktion** haben die **Blätter** an den **Pflanzen?**

Stellen Sie sich die Blätter als große Sonnenkollektoren vor, die das Sonnenlicht einfangen, mit dem die Pflanze ihre Nährstoffe erzeugt. Ohne Licht kann eine Pflanze nicht überleben: Ein paar Tage in einem dunklen, lichtlosen Raum, und man kann zusehen, wie sie verwelkt und stirbt.

Blätter haben winzige Poren, hauptsächlich auf der Unterseite. Diese so genannten Stomata lassen Luft herein, und das in der Luft enthaltene Kohlendioxid ist Teil der Nährstofferzeugung. Was eine Pflanze sonst noch zur Ernährung braucht, ist Wasser, das sie durch ihre Wurzeln aus der Erde zieht.

Blätter sind deshalb so dünn, weil das Kohlendioxid durch das Blatt dringen muss, und ein kürzerer Weg erleichtert die Passage. Außerdem haben die Blätter dadurch eine größere Oberfläche zum Einfangen des Sonnenlichts.

Warum ändert das **Laub** im **Herbst** die **Farbe?**

Die Gründe für den kräftigen Farbwechsel sind vielfältig. Aufgabe der Blätter ist es, Nährstoffe für die Pflanze zu produzieren, damit sie wachsen und gedeihen kann. Sobald sie sich im Frühjahr entfalten, beginnen die Blätter mit der Nährstofferzeugung mittels eines komplizierten Verfahrens namens Photosynthese, das die Sonnenenergie nutzt, um die Rohmaterialien aus Erde und Luft zu kombinieren. Die Grundzutaten, die eine Pflanze für die Photosynthese benötigt, sind Sonnenlicht, Wasser und Kohlendioxid – das Gas, das wir mit unserem Atem an die Luft abgeben.

Kohlendioxid gelangt durch kleine Poren in der Oberfläche in das Blatt. Wasser wird durch die Wurzeln aus der Erde hinaufgezogen und durch winzige Adern bis in die Blattspitzen geleitet. Wenn diese Rohmaterialien das zur Sonne hin geöffnete Blatt erreichen, setzt die Photosynthese ein, und die Pflanze kann Nährstoffe erzeugen. Im Blatt befinden sich kleine Teilchen mit einem grünen Pigment, dem Chlorophyll. Dieses Pigment verleiht den Blättern nicht nur die grüne Farbe, es ermöglicht auch die Photosynthese.

Im Herbst nimmt die Kraft der Sonne ab, und die Bäume stellen ihre Nährstoffproduktion ein. Weil keine Photosynthese mehr stattfindet, wird das grüne Pigment nicht mehr benötigt und vom Blatt zerstört. Während das Grün verblasst, erscheinen gelbe und rote Pigmente, die zuvor durch das grüne unterdrückt wurden. Heller Sonnenschein und kalte Nachttemperaturen bringen das leuchtende Rot am besten zum Vorschein. In Jahren mit frühem Frost werden die Blätter eher braun als rot.

Warum **duften** Pflanzen?

Es hat in gewisser Weise mit Liebe und Romantik zu tun. Weil sich Pflanzen, anders als die meisten Tiere, nicht von der Stelle bewegen können, haben sie einige Eigenschaften entwickelt, die ihnen dennoch eine effektive Vermehrung ermöglichen. Indem sie mit ihren Blüten Insekten und andere Tiere anziehen und deren Verhalten so beeinflussen, wird die Verbreitung der Pollen von Pflanze zu Pflanze möglich. Näher kann eine Pflanze dem Liebesakt nicht kommen.

Im Verlauf der Evolution lernten die Pflanzen, dass mit der Vielzahl von Tieren und Insekten, die sie besuchten, die

Möglichkeit der Besamung durch Pollen vielfältiger wurde und damit die eigene Vermehrung effektiver. Um sich attraktiver zu machen, erzeugen Pflanzen Nektar für die Insekten und bringen farbige Blütenblätter oder Düfte hervor.

Haben **Bakterien** Sex?

Die Vermehrung von Bakterien scheint nicht besonders erregend zu sein, geschieht sie doch mittels einer Methode namens Querteilung, bei der sich ein Bakterium teilt, um zwei neue, identische Zellen zu erzeugen. Für dieses Verfahren benötigt man keinen »Partner«.

Es gibt jedoch einige Bakterien, die sich tatsächlich paaren. Sie haben an der Körperfläche winzige, haarähnliche Bildungen namens Pili. Ein Bakterium kann seine Pili mit denen eines anderen Bakteriums zusammenführen, sodass eine

Röhre zwischen den beiden Einzellern entsteht. Auf diese Weise können winzige DNA-Segmente, Plasmide, von Spender zu Empfänger wandern und nützliche Gene transportieren. Allerdings werden im Anschluss keine Jungen geworfen, es geht nur um den Austausch genetischer Information, den man nicht wirklich als »Liebe machen« bezeichnen kann. Doch jedes Gen, das der Empfänger auf diese Weise erhalten hat, wird an seine Nachkommen weitergegeben, wenn er sich auf die bakterienübliche Art teilt.

Die Paarung und die Weitergabe genetischer Information unter Bakterien sind für die Gesundheit von uns Menschen ziemlich bedeutsam. Wenn eine bestimmte Bakterienart eine Resistenz gegen ein Antibiotikum entwickelt, dann wird diese Widerstandsfähigkeit durch den Austausch der genetischen Information weitergegeben, bis wir es mit einer mutierten Art zu tun haben, der wir mit Medikamenten nicht mehr beikommen können.

Stimmt es, dass auf jedem **Stecknadelkopf** über eine **Million Bazillen** zu finden sind?

Zunächst einmal: Was meinen Sie mit Bazillen? Der Einfachheit halber könnte man sagen, ein Bazillus ist jeder lebende Organismus, den wir nicht sehen können und der uns krank macht: Das könnte eine Bakterie sein, ein Virus oder ein Pilz. Es stimmt, dass auf einem Stecknadelkopf schätzungsweise eine Million Bakterien leben. Bakterien sind überall. Aber solange wir uns die Stecknadel nicht in Arm oder Bein stechen, werden uns diese Bakterien nichts tun.

Machen
alle **Bakterien krank?**

Nein. Das Überraschende ist, dass nur sehr wenige den Menschen krank machen. Wir kennen ungefähr zehntausend Bakterienarten, und vermutlich gibt es noch einmal so viele, die wir noch nicht entdeckt haben. Doch nur ungefähr dreißig Bakterienarten können uns gefährlich werden, und diese sind alle gut bekannt. Seit vielen Jahren ist keine neue Bakterieninfektion mehr aufgetaucht – die neuen Krankheiten, über die in der Zeitung berichtet wird, werden meistens durch Viren ausgelöst. Bakterien leben in uns und auf uns, sie sind unsere ständigen Begleiter: in unseren Eingeweiden, auf unserer Haut und in allen großen Körperöffnungen. Und diese Bakterien sind nützlich, weil sie uns vor feindlichen Bakterien schützen, die versuchen, in unseren Körper einzudringen und uns krank zu machen.

Wenn Sie jemals ein Antibiotikum gegen eine, sagen wir, Brustinfektion eingenommen haben, dann haben sie vielleicht als Nebenwirkung Durchfall bekommen. Das liegt daran, dass die »guten« Bakterien, die im Darm leben, auch von dem Medikament getötet werden, und da ihre Aufgabe in der »Verfestigung« des Kots besteht, bekommen Sie als Resultat sehr weichen, ja flüssigen Stuhl. Manche Menschen haben auch festgestellt, dass die Einnahme von Antibiotika ihr Risiko erhöht, an Soor zu erkranken, einer Pilzinfektion, denn wenn die körpereigenen Bakterien tot sind, kann sich der Pilz besser festsetzen und vermehren. Manche schwören daher bei Medikation mit Antibiotika auf den gleichzeitigen Verzehr von Jogurt mit lebenden Kulturen, um diese Probleme zu beheben.

Wie **atmet**
ein **Pilz?**

Nicht durch die Lunge. Er absorbiert Sauerstoff, um die Stoffwechselvorgänge im Gewebe anzutreiben. Man muss bedenken, dass der sichtbare Pilz nicht der Gesamtorganismus ist, sondern nur der Teil, der für die Fortpflanzung zuständig ist. Der größte Teil eines Fungus wächst in dem Substrat, auf dem wir den Pilz finden. Wenn er auf einem verrottenden Baumstamm wächst, ist das Holz von einem Netz von Zellfäden, so genannten Hyphen, durchzogen, und der ganze Fungus setzt sich aus diesen dicht gepackten Hyphen zusammen. Dass sie so dicht sind, erschwert dem Sauerstoff das Eindringen durch die Oberfläche des Pilzes; der Fungus löst dieses Problem durch eine Art Minikreislauf in seinem Stamm. Dieser transportiert Sauerstoff und andere wertvolle Stoffe in die Mitte des Gewebes, sodass sämtliche Zellfäden versorgt werden.

Wie gelangt **Wasser**
von den **Wurzeln** einer **Pflanze**
in die **Blätter?**

Durch den so genannten Transpirationsstrom. Wenn ein Wassermolekül an der Oberfläche eines Blattes verdunstet, zieht es weitere Moleküle von unten nach, und so entsteht ein fortwährender Wassersog in die oberen Teile der Pflanze. Wassermoleküle haften stark aneinander und an den Gefäßwänden der Pflanze – diesen Vorgang nennt man Kohäsion, und die Kohäsion der Wassermoleküle hält den stetigen Aufwärtsstrom des Wassers aufrecht. Außerdem haben Pflanzen eine Membran zwischen ihren Wurzeln und dem Leitbündel am Stamm – den Gefäßen zum Wassertransport –, und das Wasser muss diese lebende Zellmembran passieren, bevor es zu den Blättern aufsteigen kann.

Warum hat ein **Kaktus** so eine dicke **Haut?**

Der Kaktus ist eigentlich nur ein großer Stamm, der von einer unglaublich dicken, wachsartigen Epidermis bedeckt ist. Weil Kakteen nur in extrem trockenen Gebieten wachsen, ist ihre wichtigste Aufgabe die Wasserspeicherung. Deshalb hat der Kaktus auch keine Blätter, denn diese würden zu schnell Wasser verlieren. Beim Kaktus übernimmt der Stamm die Funktion der Blätter: Er absorbiert das Sonnenlicht, führt die Photosynthese durch und produziert Nährstoffe. Der dicke Stamm reduziert den Wasserverlust, wie auch die dicke, wachsartige Epidermis oder Außenhaut.

Warum brennen **Brennnesseln?**

Auf dem Blatt der Brennnessel sitzen winzige Härchen, die wie Nadeln aussehen und die Haut leicht durchbohren können. Am Fuß jeder Nadel befindet sich eine Kapsel mit Ameisensäure, die zusammen mit der Nadel in die Haut eindringt. Dies bewirkt eine allergische Reaktion, und die Haut rötet sich und juckt.

Können **Pflanzen Schmerz** empfinden?

Zunächst einmal müssen Sie definieren, was Sie unter »Schmerz« verstehen; dies ist sowohl eine philosophische als auch eine wissenschaftliche Frage. Der Einfachheit halber wollen wir es so formulieren: Schmerz ist »eine Reaktion auf eine körperliche Reizung mit dem Ziel, diesen Reiz zu vermindern«. Untersuchungen haben ergeben, dass auch Pflanzen auf Reize reagieren. Wenn ein Blatt abgeschnitten wird, stößt es an der Oberfläche ein Gas namens Äthylen aus. Dies ist eine Art Reaktion auf Schmerz: Der Ausstoß

von Äthylen ist ein Signal für die Pflanze, um Maßnahmen zur Reizunterdrückung zu ergreifen. Das würde sich mit unserer Definition von Schmerz decken. Man könnte also sagen, dass Pflanzen Schmerz fühlen können.

Gemäß dieser simplen Schmerzdefinition würde jedoch jeder lebende Organismus Schmerz empfinden können, denn alle Lebewesen reagieren auf Belastungen. Gerade Bakterien haben dazu viele Möglichkeiten, besonders ihre Reaktion auf Hitze ist vielfach untersucht worden. Soll man nun daraus folgern, dass Bakterien Schmerz fühlen können?

Auf einer sehr einfachen Ebene besitzen Pflanzen Systeme und Reaktionen, die auf Schmerzempfinden schließen lassen. Aber hier kommt die Philosophie ins Spiel, denn Schmerz bedeutet viel mehr als eine simple chemische Reaktion. Folglich könnte man vielleicht sagen, dass Pflanzen Schmerz empfinden, aber bestimmt nicht in der gleichen Weise wie Sie und ich.

Warum **brauchen** wir die **Pflanzen?**

Ohne Pflanzen könnten wir nicht existieren. Sämtliche Energie, die die Grundlage unserer Existenz ermöglicht, stammt von der Sonne, aber Menschen und Tiere können diese Energie nicht unmittelbar nutzen. Wir brauchen andere Organismen, andere Lebensformen, die das für uns tun. Und indem wir diese Organismen verzehren, gelangt die Sonnenenergie über die Nahrungskette zu uns.

Der Prozess, durch den Sonnenenergie in lebenden Organismen gespeichert wird, heißt Photosynthese. Es gibt grob geschätzt eine halbe Million Organismenarten, die zur Photosynthese fähig sind, und es sind ausschließlich Pflanzen,

Algen und bestimmte Bakterien. Diese Organismen wandeln das Sonnenlicht in die Moleküle um, die wir für unser Überleben brauchen – und der einzige Weg, an diese Moleküle heranzukommen, ist der, entweder die Pflanzen zu verzehren oder ein Tier, das sich von Pflanzen ernährt.

Pflanzen sind außerdem wichtig für uns, weil sie bei der Photosynthese Sauerstoff abgeben, der für fast alle Organismen, auch für die Pflanzen selbst, zum Überleben notwendig ist.

Bedenken Sie: Menschen und Tiere existieren nur deshalb, weil die Pflanzen lange vor uns da waren und die Erde zu einem lebenswerten Ort gemacht haben.

Können **Pflanzen schlafen?**

Wenn Sie Schlaf als eine Periode der Inaktivität definieren (statt eines veränderten Bewusstseinszustands wie beim Menschen), dann könnte man sagen: Ja, Pflanzen schlafen tatsächlich.

Viele Pflanzen haben einen Tageszyklus oder -rhythmus. Gänseblümchen öffnen ihre Blüten bei Tageslicht und schließen sie, wenn es dunkel wird; Botaniker bezeichnen dies als »Schlafbewegungen«. Ein möglicher Grund für dieses Verhalten der Pflanzen könnte eine Empfindlichkeit gegenüber verschiedenen Wellenlängen des Lichts sein.

Pflanzen wissen definitiv, ob es Tag oder Nacht ist und wie lange die dunkle Phase dauert. Sie enthalten ein Protein namens Phytochrom, das in zwei Formen vorliegt: Eines absorbiert hellrotes Tageslicht, das andere das dunklere Rot, das am Abend vorherrschend ist. Der Anteil an der einen oder anderen Phytochrom-Art ermöglicht es der Pflanze,

Tag und Nacht voneinander zu unterscheiden. Wenn man die Ruhephase einer Pflanze nachts mit einem Schwall Tageslicht unterbricht, kann man ihr Wachstum stören. Deshalb falten sich manche Pflanzen in der Nacht zusammen, um einem solchen Angriff zu entgehen.

Warum kann man **Holz** nicht **schmelzen?**

Eine Flüssigkeit ist eine Ansammlung mobiler, das heißt frei beweglicher Moleküle. Holz besteht jedoch zum größten Teil aus Zellulose, die sehr lange Polymerketten enthält, und langkettige Verbindungen können sich nicht so einfach frei bewegen. Außerdem halten Wasserstoffverbindungen zwischen den Hydroxylgruppen in den Polymeren die Struktur zusammen. Mit anderen Worten: Sie müssten so viel Energie aufwenden, um diese chemischen Bindungen aufzubrechen, dass das Holz gar nicht erst zum Schmelzen kommen, sondern verrotten würde – und dann wäre es kein Holz mehr.

Jemand hat mir erzählt, dass **Glas** nicht fest, sondern **flüssig** sei. War das ein Witz?

Glas ist keine Flüssigkeit; es ist so fest wie alle anderen festen Stoffe. Sie können sich ja mal eine Glasflasche auf den Kopf hauen – dann werden Sie feststellen, wie fest Glas ist! Nein, worauf dieser Jemand hinauswollte, war vielleicht die Tatsache, dass Glas auch als unterkühlte Flüssigkeit bezeichnet wird.

Alle festen Elemente und viele feste Verbindungen sowie

Mischungen werden durch Hitze zum Schmelzen gebracht, und dieser Schmelzpunkt wird bei einer genau definierten Temperatur erreicht: Ein Bruchteil von einem °C unter dem Schmelzpunkt, und die Substanz ist fest und besitzt eine fest gefügte Form; ein Bruchteil von einem °C darüber, und die Substanz ist flüssig.

Bei Glas ist das anders. Glas wird beim Erhitzen immer flüssiger und besitzt keinen definierten Schmelzpunkt oder Gefrierpunkt. Mit Karamellbonbons ist es übrigens dasselbe: Versuchen Sie mal, ein Toffee zu zerbeißen, das kurze Zeit im Kühlschrank gelegen hat: Sie werden feststellen, dass es erstaunlich hart ist. Wenn Sie es erhitzen, werden Sie keinen definierten Schmelzpunkt feststellen können, der Bonbon wird einfach nur immer weicher. Es ist zwar möglich, eine so genannte Glastemperatur für Glas und glasähnliche Substanzen festzulegen – eine Temperaturspanne, innerhalb der das Material während des Abkühlens am schnellsten zäh wird –, aber das ist nicht dasselbe wie ein Schmelz- oder Gefrierpunkt.

Woher bekommen wir das **Helium** für **Ballons?**

Helium ist das zweitleichteste Element, nur Wasserstoff ist leichter. Es ist ein farbloses, geruchloses und geschmackfreies Gas und vielseitig verwendbar, unter anderem für Ballons! Außerdem sorgt es für den Druckausgleich in Raketentreibstofftanks, wird als Kühlmittel benutzt und für Hochdruckluftbehälter im Tauchsport.

Helium wurde im Jahre 1868 von dem französischen Astronomen Pierre Janssen in der Sonnenatmosphäre entdeckt. Dann entdeckte 1895 der englische Chemiker Sir Wil-

liam Ramsay das Gas auch in der Erdatmosphäre, allerdings in viel kleineren Mengen. Helium findet sich auch in radioaktiven Mineralien und Mineralquellen. Dies sind jedoch spärliche Vorkommen, bei weitem nicht genug, um die Mengen zu gewinnen, die man zur Befüllung der unzähligen Ballons benötigt, die für Geburtstagsfeiern rund um den Globus gebraucht werden.

Zum Glück gibt es große Heliumvorkommen in Naturgaslagerstätten in den USA; kleinere Vorkommen wurden in Kanada, Südafrika und in der Sahara entdeckt. Das Helium wird vom Naturgas geschieden, indem man die Komponenten bei niedrigen Temperaturen und unter hohem Druck verflüssigt und auf diese Weise ein Gasgemisch erhält, das zu 90 Prozent aus Helium besteht. Dieses Gemisch wird über abgekühlte Aktivkohle geleitet, die alle anderen Gase absorbiert und nur das reine Helium übrig lässt.

Warum kann man **Eisen** nicht in **Wasser** auflösen?

Alle Teilchen, die eine feste Struktur bilden, werden durch Bindungskräfte aneinandergehalten. Diese Bindungen können mehr oder weniger stark sein. Um eine Struktur aufzulösen, müssen die Bindungen zwischen den Teilchen aufgebrochen werden.

In einer festen Struktur sind alle Teilchen ziemlich zufrieden mit dem Platz, an dem sie sitzen, und um sie davon zu überzeugen, diesen Platz aufzugeben, müssen Sie ihnen schon etwas Attraktiveres bieten. Wenn Sie eine feste Struktur in einer Flüssigkeit lösen wollen, müssen sich die Teilchen in der Flüssigkeit gut an die Teilchen der festen Materie binden können. Erst dann lösen sich die Teilchen der festen Struktur voneinander und binden sich an die Flüssigkeitspartikel, um mit ihren neuen Freunden glücklich zu sein.

Im Allgemeinen lösen sich Stoffe in ähnlichen Stoffen, da zwischen den Partikeln der festen und der flüssigen Struktur ähnliche Bindungseigenschaften vorliegen. Doch Eisen und Wasser sind sehr unterschiedliche Stoffe. Viele Stoffe sind wasserlöslich, doch die Metalle gehören gewiss nicht dazu. In Metallen sitzen die Teilchen dicht und gemütlich beisammen, und Wasser kann ihnen keine attraktive Alternative bieten.

Wenn man ein **Ei** an beiden **Enden** hält
und es zu **zerbrechen** versucht,
geht das nicht. Wenn man es jedoch mit
der Hand in der **Mitte** umspannt,
geht es ganz **leicht kaputt.** Warum?

Ein Ei ist ein Meisterwerk der Baukunst. Es stimmt: Wenn
man mit einem Löffel auf die Seite eines Eis schlägt, zerbricht
es. Das liegt daran, dass seine Schale dort am dünnsten und
zerbrechlichsten ist. Aber bei Druck auf seine spitzen Enden
verhält es sich wie ein Bogen in einem Gebäude oder an
einer Brücke. In Bögen wird die gesamte Struktur durch das
Eigengewicht zusammengedrückt, und unter Druck erweist
sich auch das Kalziumkarbonat der Eierschale als überaus
stabil.

Ist es die **Schale** oder die **Banane**
selbst, die **Äthylen** erzeugt?
Und warum verändert diese Frucht
ihre **Farbe** von einem hervorragenden
Tarn-Grün zu auffälligem **Gelb?**

Äthylen (auch Äthen genannt) ist ein Hormon, das Pflanzen
zum Reifen bringt, und wird von der ganzen Frucht produziert, nicht nur von der Schale. Es wird von jeder Zelle der
Banane erzeugt, in der die Membranlipide mit Sauerstoff
eine Verbindung eingehen und ungesättigte Fettsäuren erzeugen.

Was nun die Farbveränderung angeht: Bei der Erzeugung
von Äthylen werden die Fasern der Frucht aufgebrochen,
und das macht die Frucht weich. Außerdem wird Stärke
in Zucker umgewandelt – das macht die Frucht süß – und

Chlorophyll abgebaut – deshalb verschwindet die grüne Farbe. Die Pigmente, die eine reife Banane gelb färben, sind in der grünen Frucht bereits vorhanden, werden jedoch durch das Chlorophyll unterdrückt, bis dieses abgebaut wird.

Wenn ich eine **Tomate** schnell **reifen** lassen möchte, sollte ich sie dann lieber an einen **sonnigen Platz** legen statt in den **dunklen Schrank?**

Wenn Sie die Hoffnung hegen, ein wenig mehr Geschmack in eine fade Supermarkttomate zu bringen, indem Sie sie reifen lassen, verschwenden Sie vermutlich Ihre Zeit. Was Sie auch anstellen, Sie werden niemals den Geschmack einer Tomate erzielen, die bis zur vollen Reife am Strauch bleiben durfte.

Handelsübliche Tomaten werden auf festes Fleisch hin gezüchtet und ausgewählt, und wenn Sie meinen, dass Ihre Tomate zu fest ist und keinen Geschmack hat, dafür aber schön rot ist, dann können Sie vermutlich auch nicht mehr viel an ihr verbessern.

Im Allgemeinen kann man Tomaten reifen und ein wenig mehr Geschmack entwickeln lassen, wenn man sie ein paar Tage bei Raumtemperatur lagert. Sie sollten allerdings keinem direkten Sonnenlicht ausgesetzt sein, da sie dies weich werden lässt, ohne sie reifen zu lassen, und ihnen zudem die Vitamine A und C entzieht. Tomaten, die im Kühlschrank bei einer Temperatur unter 10 °C liegen, verlieren Aroma und Geschmack schneller, als wenn sie bei höheren Temperaturen gelagert werden. Ernährungsfachleute und Köche raten übrigens zur Lagerung der Tomaten auf dem Kühlschrank, denn dort ist es immer schön warm.

Es gibt aber einen Trick, wenn Sie Ihre Tomaten schnell reifen lassen wollen. Stecken Sie sie in eine Papiertüte, oder besser noch, legen Sie eine Banane oder einen Apfel dazu. Bei der Reifung geben Tomaten die Chemikalie Äthylen ab, die andere Tomaten oder andere Äthylen abgebende Früchte zur Reifung bringt. Der Trick mit der Tüte bewirkt, dass das Äthylen nicht entweichen kann und alle Früchte ihm ausgesetzt sind. Da Bananen und Äpfel ebenfalls Äthylen abgeben, beschleunigt ihre Zugabe das Verfahren.

Warum **hüpfen Eier,** wenn sie eine Zeit lang in **Essig** eingelegt waren?

Weil das Ei, das von Essig durchtränkt ist, nicht mehr das Ei ist, das Sie hineingelegt haben. Wenn Sie ein Ei in Essig legen, bilden sich Blasen an der Eierschale. Nach 72 Stunden ist die Eierschale verschwunden, lediglich Teile von ihr mögen noch auf dem Essig herumschwimmen. Doch das Ei ist immer noch heil, weil sein dünnes Schalenhäutchen durch den Essig nicht aufgelöst worden ist.

Eine Eierschale besteht aus Kalziumkarbonat; bei der chemischen Reaktion mit Essig entsteht unter anderem Kohlendioxid – das Gas, das die Blasen auf der Eierschale bildet. Das Schalenhäutchen löst sich nicht in Essig auf, gewinnt jedoch eine gummiartige Qualität.

Vielleicht ist Ihnen aufgefallen, dass das Ei größer geworden ist. Das liegt an der Osmose, bei der im Essig enthaltenes Wasser durch die äußere Zellmembran in das Ei eindringt. Das im Ei enthaltene Wasser enthält mehr gelöste Substanzen als das Wasser im Essig, und Wasser hat die Eigenschaft, durch eine Membran in Richtung einer größeren

Menge gelöster Stoffe zu fließen. Deshalb nimmt das Ei an Größe zu.

Es bringt übrigens nichts, wenn Sie das Ei vor dem Versuch kochen. Ein gekochtes Ei kann auch ganz nett springen, auch wenn ein rohes Ei schön matschig ist und eher wie ein mit Wasser gekochter Ballon hüpft.

5. Manchmal trügt der Schein

Spieglein, Spieglein an der Wand …

Beim Blick in den **Spiegel**
habe ich bemerkt, dass alles von **links**
nach **rechts** umgedreht zu sehen ist.
Warum sind dann nicht auch
oben und unten vertauscht?

Zunächst einmal irren Sie sich, wenn Sie meinen, dass die Dinge im Spiegel »umgedreht« sind. Wenn Sie in den Spiegel schauen, ist die linke Seite Ihres Gesichts immer noch links und die rechte Seite rechts. Das Gleiche gilt für oben und unten. Das ist eines dieser Märchen, die ewig weitergesponnen werden, denn bis Sie sich hinsetzen und darüber nachsinnen, was eigentlich mit dem einfallenden Licht passiert, sieht es erst mal so aus, als ob dieses Gerücht stimmte. Es gibt *kein* Spiegelverkehrt und folglich auch keinen Grund, warum sich oben und unten verkehren sollten.

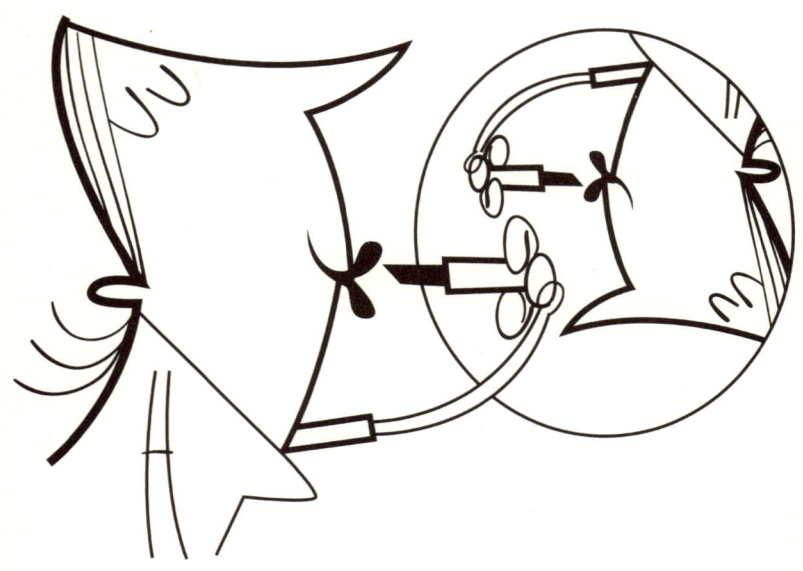

Ich überlege, ob ich mir vielleicht
mehr Spiegel zulegen sollte,
statt mehr **Glühbirnen** zu kaufen.
Wenn ich eine **Lichtquelle** auf einen
Spiegel richte und das Licht auf diese
Art ins Zimmer weiterleite, dann
müsste sich doch die Lichtmenge
verdoppeln, oder?

Ein Spiegel kann auch nicht mehr Licht erzeugen, als bereits
im Raum vorhanden ist. Sie können nicht Licht aus nichts
erzeugen; Sie benötigen Energie dazu. Sie können Licht zwar
nach Belieben hierhin und dorthin richten, aber mehr auch
nicht. Wenn Sie einen Fußball gegen die Wand kicken, stellen Sie sich ja auch nicht vor, dass der zurückkommende Ball
irgendwie ein »neuer« Ball sei.

Normalerweise wird das Licht von den Oberflächen, auf
die es trifft, absorbiert. Schwarz ist so dunkel, weil es sämtliche Wellenlängen des Lichts absorbiert. Die Fläche erscheint schwarz durch die Abwesenheit jeglichen Lichts. Und
was ist mit dem Spiegel? Der Spiegel reflektiert das Licht,
statt es zu absorbieren. Deshalb scheint es so, als gäbe es
nun mehr Licht im Raum.

Ich habe immer gedacht, **weiße Oberflächen** erscheinen weiß, weil sie sämtliches Licht **reflektieren,** das auf sie fällt. Wenn also ein **Spiegel** alles reflektiert, was auf ihn fällt, warum sieht dann der Spiegel **nicht weiß** aus?

Weil ein weißes Blatt Papier nicht einfach das Licht wie ein Spiegel reflektiert. Weiße Gegenstände erscheinen weiß, weil sie alle anderen Farben des Lichts absorbieren und sie als eine einzige Farbe wieder emittieren – Weiß. Ein blauer Gegenstand absorbiert alle anderen Farben und gibt nur Blau wieder. Ein Spiegel absorbiert das Licht nicht: Er gibt Ihnen alles wieder, was Sie ihm hinwerfen, und das Licht erfährt im Spiegel weder eine Absorption noch eine Reemission.

Ich habe am **Flughafen** so genannte **venezianische Spiegel** gesehen, mit der die **Polizei** die Leute beobachten kann, die durch die Sperre gehen. Von der Passagierseite sehen sie aber wie **normale Spiegel** aus. Wie wird so ein Spiegel gemacht?

Sie benötigen zunächst eine Scheibe getöntes Glas. Darauf geben Sie eine sehr dünne Schicht reflektierendes Material, das üblicherweise aus einer Aluminiumlegierung besteht. Der Überzug muss hauchdünn sein, weil eine gewisse Menge Licht hindurchfallen muss; weil er aber auch reflektiert, prallt eine bestimmte Menge Licht wiederum davon ab.

Nun stellen Sie sich dieses Glas in einer Wand und sich selbst als Spion vor. Weil sich zwischen Ihnen und der Spiegeloberfläche das getönte Glas befindet, ist Ihr Bild nicht hell genug, um durch das Glas zu dringen, und jemand, der auf der anderen Seite des Spiegels steht, würde nur sein eigenes Spiegelbild sehen, während Sie ihn deutlich, wenn auch ein wenig abgedunkelt sehen. Sie können solch einen venezianischen Spiegel ganz einfach durchsichtig machen, indem Sie auf Ihrer Seite eine helle Lichtquelle anschalten; dann sind Sie von der anderen Seite gut zu sehen – und der Spiegel ist durchsichtig geworden.

Wir haben an unserem **Auto** einen von diesen **Rückspiegeln,** die man so **verstellen** kann, dass man von den **Scheinwerfern** der nachfolgenden Autos nicht mehr **geblendet** wird. Wie funktioniert so ein Spiegel?

Spiegel sind üblicherweise auf ihrer Rückseite mit einer Silberschicht beschichtet, die das meiste Licht reflektiert. Doch ungefähr fünf Prozent des Lichts werden auch an der Oberfläche des Spiegels reflektiert. Bei einem normalen Spiegel stehen die Vorder- und die Rückseite parallel zueinander. Doch ein Autorückspiegel ist keilförmig, sodass die Reflexionen von der vorderen und der hinteren Fläche in verschiedenen Winkeln zurückgeworfen werden. Wenn Sie den Spiegel nachts kippen, wird das Licht eher von der schwächer reflektierenden Vorderfläche zurückgeworfen, und deshalb erscheinen die Scheinwerfer der nachfolgenden Wagen nicht mehr so grell.

Bei einer **Zugfahrt** ist mir etwas Seltsames aufgefallen: **Objekte** in Gleisnähe **flogen** geradezu vorüber, aber **weiter entfernte** Gegenstände schienen sich in die **gleiche Richtung** zu bewegen wie der **Zug.** Woher kommt dieser Effekt?

Im Wesentlichen hat es mit Festpunkten oder Bezugspunkten zu tun. Es ist leicht zu erklären, warum sich Gegenstände in der Nähe nach hinten bewegen – denn sie tun es! Und im Vergleich zu den Objekten im Hintergrund mit rasender Geschwindigkeit.

Gegenstände, die weiter entfernt sind – am Horizont oder so weit man eben sehen kann –, bewegen sich natürlich auch nach hinten, weil der Zug sich vorwärts bewegt, aber wir nehmen es nicht so wahr. Unser Gehirn sieht die Dinge selten so, wie sie tatsächlich sind, und verlässt sich lieber auf Vergleiche als auf die Realität!

Wenn ich aus dem Bürofenster schaue, sehe ich in ungefähr fünfzig Metern Entfernung ein Haus. Vor dem Haus steht ein Baum. Weiter als bis zu dem Haus kann ich nicht sehen. Wenn ich nun am Fenster vorbeigehe, bewegt sich der Baum ganz deutlich nach hinten, das Haus scheint sich aber mit mir vorwärts zu bewegen. Wenn ich meinen Arm ausstrecke und auf eines der Fenster des Hauses deute, dann kann ich erkennen, dass sich mein Arm leicht nach hinten bewegt, wenn ich einen Schritt vortrete. Indem ich auf den Gegenstand deute, habe ich mir einen näheren Bezugspunkt verschafft, der mir anzeigt, dass das Fenster sich nach hinten bewegt. Normalerweise kann ich das nicht sehen, da ich keine Orientierungspunkte habe, an denen ich die Lage des Hauses messen kann. Wäre das Haus jedoch durchsichtig und etwas anderes stünde dahinter, dann könnte ich das

Haus mit diesem Objekt vergleichen und würde ebenso die Bewegung des Hauses wie die des Baums wahrnehmen.

Im Zug können Sie das allerdings nicht nachmachen, denn auch bei ausgestrecktem Arm ist der Horizont immer noch zu weit entfernt, als dass sie deutlich auf etwas zeigen könnten.

Warum erscheint **Gras heller**, wenn es weiter **entfernt** ist? Bei der **Land-schaftsmalerei** wird einem beigebracht, den **Hintergrund** in helleren Farben zu malen als den **Vordergrund,** weil er dem **Auge** so erscheint.

In Bodennähe gibt es jede Menge atmosphärischer Gegebenheiten, die Einfluss auf unsere Entfernungswahrnehmung haben. Die Menge an Staub in der Atmosphäre nimmt mit wachsender Entfernung zwischen Ihnen und dem beobachteten Objekt zu, und vom Boden aufsteigende Wärme kann den Lichtbrechungsindex der Luft verändern. Diese beiden Effekte streuen und verschleiern das Licht, das uns von weit entfernten Objekten erreicht. Je weiter der beobachtete Gegenstand entfernt ist, desto größer die Unschärfe.

Sonnenlicht setzt sich aus verschiedenen Farben zusammen. Gras in Ihrer Nähe reflektiert grünes Licht und absorbiert die roten und blauen Lichtanteile, und somit erscheint Ihnen das Gras grün. Weiter entferntes Gras reflektiert die gleiche Menge an grünem Licht, aber der Staub in der Atmosphäre wirft weißes Licht (das alle Farben enthält) zu Ihnen zurück. Diese Streuung schwächt das Grün, das Sie von dem in der Ferne liegenden Gras sehen.

Am deutlichsten tritt dieser Effekt in Städten zutage.

Wenn Sie aus einem Hochhaus schauen, erscheinen entfernte Gebäude blasser als Gebäude in der Nähe. Dunkler werden sie Ihnen hingegen nicht erscheinen, denn es wird noch eine Menge Licht reflektiert, nur nicht das einer bestimmten Farbe.

6. Unser Körper

Locken, Bauchnabel und Katzenjammer

Was ist der **menschliche Körper** wert?
Wie viel würde er **kosten**, wenn man
ihn in seine einzelnen **Elemente** zerlegte?

Fangen wir mit der Zusammensetzung des Körpers nach Anteil der Elemente an (wobei wir einige der spärlicher vorhandenen Spurenelemente nicht berücksichtigen):

Sauerstoff	65 %
Kohlenstoff	18 %
Wasserstoff	10 %
Stickstoff	3 %
Kalzium	1,5 %
Phosphor	1 %
Kalium	0,35 %
Schwefel	0,25 %
Natrium	0,15 %
Chlor	0,15 %
Magnesium	0,05 %
Eisen	0,0004 %
Jod	0,00004 %

Nun nehmen wir einen Menschen von 70 Kilogramm, wiegen ihn gemäß unserer Anteilsliste der Elemente und erhalten folgende Mengen:

Sauerstoff	45,5 kg	Schwefel	0,175 kg
Kohlenstoff	12,6 kg	Natrium	0,105 kg
Wasserstoff	7 kg	Chlor	0,105 kg
Stickstoff	2,1 kg	Magnesium	0,035 kg
Kalzium	1,05 kg	Eisen	0,00028 kg
Phosphor	0,7 kg	Jod	0,000028 kg
Kalium	0,245 kg		

Nun benötigen wir die Preise dieser Rohstoffe. Wir haben sie einem Katalog für Chemieerzeugnisse entnommen und uns für Stoffe durchschnittlicher Qualität entschieden, denn die meisten von uns sind ja Durchschnittsmenschen!

Sauerstoff	45,5 kg	€ 19,74 für 3,264 kg	€ 0,27
Kohlenstoff	12,6 kg	€ 9,97 pro kg	€ 125,66
Wasserstoff	7 kg	€ 40,54 für 115,6 kg	€ 2,45
Stickstoff	2,1 kg	€ 22,44 für 2525,6 kg	€ 0,014
Kalzium	1,05 kg	€ 5,35 für 25 g	€ 224,61

Phosphor	0,7 kg	€ 9,97 pro 100 g	€ 69,81
Kalium	0,245 kg		€ 490,19
Schwefel	0,175 kg		€ 1,66
Natrium	0,105 kg	€ 25,07 pro 100 g	€ 26,33
Chlor	0,105 kg	€ 98,54 für 33 kg	€ 0,32
Magnesium	0,035 kg		€ 1,20
Eisen	0,00028 kg	€ 6,72 pro kg	€ 0,002
Jod	0,000028 kg	€ 8,67 pro 100 g	€ 0,002

Der menschliche Körper hat somit einen Wert von € 942,55.

Welcher **Muskel** ist der stärkste im **Körper?**

Die Zunge! Außerdem ist sie der einzige Muskel, der nur an einem Ende befestigt ist.

Was die anderen Muskeln angeht: Der längste Muskel ist der große Oberschenkelmuskel, der von der Hüfte bis zum Knie reicht, und der Muskel, der die größte Fläche bedeckt, ist der Musculus latissimus dorsi, der breite Rückenmuskel.

Ich habe gehört, dass manche Menschen mit einem vorschriftsmäßigen **Karateschlag** einen **Ziegelstein** mit der **Handkante** spalten können. Wie das? Meine Bauarbeiter brauchen dazu **Hammer** und **Stahlmeißel.**

Karate ist eine Kampfsportart und verlangt dem Körper ab, in einen Hieb ein Höchstmaß an Kraft zu legen, ohne sich dabei zu verletzen. Diese Fähigkeit wird durch strenges geistiges und körperliches Training erlangt, machen Sie es also bloß nicht nach, bevor Sie nicht in der Kunst unterwiesen worden sind. Physik spielt natürlich auch eine Rolle, denn der Schlüssel zu diesem »Trick« ist Geschwindigkeit: Die bei diesem Schlag freigesetzte Energie entspricht Masse x Geschwindigkeit zum Quadrat. Grob gesagt, eine gut trainierte Hand trifft den Ziegelstein mit 38 km/h und übt dabei eine Kraft von ungefähr 670 Pfund aus. Das würde zwar nicht ausreichen, um einen großen Stein in seiner vollen Länge zu spalten, aber da die Kraft nur auf einen kleinen Teil seiner Oberfläche von ungefähr Faustgröße ausgeübt wird, zerbricht der Stein. Außerdem ruht er meistens nur mit beiden Enden auf einer Unterlage und gibt dadurch besser nach.

Aber **Ziegelsteine** sind härter
als **Knochen.** Knochenbrüche gibt
es häufig, aber einen Ziegelstein habe
ich noch nie **zerbröseln** sehen.

Es gibt inzwischen einige Untersuchungen über die wahre Stabilität menschlicher Knochen: Wie sich zeigte, können diese 40-mal so viel aushalten wie Beton. Hände und Füße können sogar noch mehr vertragen, weil Haut, Muskeln, Bänder, Sehnen und Knorpel einen großen Teil der Wucht abfedern. Folglich kann ein Fuß bei einem starken Tritt 2000-mal mehr aushalten als Beton, bevor er bricht.

Wie können wir **laufen,** ohne **überlegen** zu müssen, wie wir es tun? Wie viel **Gehirnarbeit** ist dafür nötig?

Die einfachsten Fragen sind immer am schwierigsten zu beantworten! Das Laufen wird durch ein eingebautes Programm in unserem zentralen Nervensystem gesteuert, und dieses Programm wird ständig »verändert«, weil ununterbrochen Informationen durch Sinneseindrücke hereinströmen. Das Basis-Bewegungsprogramm benötigt vermutlich keinerlei »Denken«, doch wir führen ständig bestimmte Veränderungen in unseren Bewegungen durch, die sowohl auf äußerliche (umweltbedingte) Einflüsse zurückzuführen sind als auch auf innerliche Einflüsse, die aus unseren Absichten resultieren.

Mir ist nicht ganz klar, was Sie mit Gehirnarbeit meinen. Wenn Sie auf die Anzahl der dafür benötigten Nervenzellen anspielen, kann ich Ihnen sagen, dass eine Spinne schätzungsweise dreißigtausend Neuronen in ihrem Zentralnervensystem besitzt, von denen weniger als tausend für die Bewegung verantwortlich sind. Natürlich sind diese noch auf komplizierte Art untereinander vernetzt, was die Angelegenheit erschwert. Unser Nervensystem besitzt Millionen oder Milliarden Nervenzellen, und es ist unmöglich zu bestimmen, wie viele davon mit Fortbewegung zu tun haben.

Wichtiger als alle Spekulation ist vielleicht die Tatsache, dass »niedere« Tiere sich ebenso gut oder schnell bewegen können wie wir, obwohl sie kein höher entwickeltes Gehirn besitzen. Krokodile haben ein kleines Gehirn, aber sie bewegen sich außerordentlich flink, und eine Stubenfliege hat ein winziges Hirn, ist aber bestens für komplizierte Flugmanöver gerüstet. Es liegt also nicht an der Komplexität des Zentralnervensystems – sonst würde eine Fliege nicht einmal den Start schaffen.

Warum hören sich die **Stimmen** von **Tiefseetauchern** so komisch an?

Reiner Sauerstoff ist für Taucher ein Giftgas. Selbst der in der Luft enthaltene Sauerstoff – lediglich zwanzig Prozent – bleibt giftig, obwohl er durch Stickstoff und andere Gase »verdünnt« ist. Wie wir alle brauchen aber auch Taucher Sauerstoff zum Überleben, folglich nehmen sie Druckluft-Tauchgeräte mit.

Je tiefer der Taucher taucht, desto mehr steigt der Druck, dem er ausgesetzt ist, da das Gewicht des Wassers auf jeden Quadratzentimeter seines Körpers zunimmt. Folglich muss der Luftdruck im Körper des Tauchers ebenfalls ansteigen, sonst würde er platt gedrückt.

Das Problem besteht darin, dass sich mit zunehmendem Druck die Stickstoff- und Sauerstoffanteile aus der Druckluft im Tauchgerät im Blut des Tauchers auflösen; wenn er wieder an die Oberfläche kommt, lässt der Druck auf seinen Körper nach, und der gelöste Stickstoff kommt in Gasblasen heraus. Wenn der Taucher langsam nach oben kommt, lösen sich diese Bläschen in der Lunge und bereiten ihm keine Probleme, wenn er aber zu schnell auftaucht, bilden sich die Bläschen in den Blutgefäßen und verschließen sie. Heftige Schmerzen oder sogar Tod sind die Folge – dies nennt man die »Taucherkrankheit«.

Tiefseetaucher, die unter hohem Druck arbeiten müssen, vermeiden dieses Problem, indem sie ihrer Atemluft eine weitere Komponente hinzufügen: Helium. Dieses reagiert nur träge mit anderen Stoffen und löst sich nicht im Blut.

Und woher kommt die komische Stimme? Schall fließt durch Helium dreimal so schnell wie durch normale Luft, und das führt zu einer Veränderung der Frequenzen der Stimme. Die Stimme eines männlichen Tauchers klingt sehr viel höher, ungefähr wie bei Donald Duck, und die ohnehin höhere Stimme einer Frau ist fast nicht mehr zu verstehen.

Warum aber bewirkt Helium eine Erhöhung der Schallfrequenz? Es hat damit zu tun, wie Menschen Laute erzeugen. Wir zwängen Luft an unseren Stimmbändern vorbei und bringen diese dadurch zum Vibrieren. Wir »wählen« Länge und Spannung unserer Stimmbänder aus, damit sie in der gewünschten Frequenz schwingen. Wenn sich der Schall in unserer Atemluft schneller bewegt, dann wird auch die Frequenz erhöht und unsere Stimmlage wird höher. Sollten Sie einmal einen Ballonaufpumper auf dem Jahrmarkt mit Helium hantieren sehen, bitten Sie ihn um eine Prise – und versuchen Sie dann, sich mit Ihren Freunden zu unterhalten!

Warum sind **Frauenstimmen** höher als **Männerstimmen?**

Einfach deswegen, weil Frauen und Kinder kürzere Stimmbänder haben. Die Stimmhöhe hängt von der Frequenz der Schwingungen der Stimmbänder ab und davon, wie lang oder gespannt diese sind. Kürzere Stimmbänder bedeuten folglich eine höhere Stimmlage.

Wodurch entsteht **Schluckauf,** und taugen die gängigen **»Heilmittel«** dagegen überhaupt etwas?

Schluckauf entsteht durch plötzliche Kontraktionen des Zwerchfells, dem für die Atmung hauptverantwortlichen Muskel, der irgendwo tief im Brustkorb genau über dem Magen sitzt.

Wenn wir einatmen, weiten wir nicht unmittelbar die Lungenflügel; die Lunge erweitert sich, weil wir das Brustkorbvolumen vergrößern. Allerdings »haften« die Lungenflügel an den Innenseiten der Brustwand und müssen sich mit dem Brustkorb dehnen. Das Zwerchfell ist der Muskel, der diese Ausdehnung steuert. Bei einem Schluckauf zuckt das Zwerchfell plötzlich, und dadurch wird Luft in die Lunge gepresst. Zugleich verschließt sich die Glottis – ein schwingendes Teil des Stimmbildungsapparates oberhalb der Kehle. Dieser jähe Verschluss sperrt die Luft ab und erzeugt das typische Schluckaufgeräusch.

Der Schluckauf entsteht nicht im Muskel des Zwerchfells selbst, sondern in dem das Zwerchfell versorgenden Nerv, dem Nervus phrenicus. Oft entsteht ein Schluckauf während des Essens, denn die Magennerven stehen in Verbindung mit den Atemnerven — aber ein Schluckauf kann auch jederzeit sonst auftreten.

Es gibt alle möglichen Empfehlungen, wie man den Schluckauf wieder loswird, zum Beispiel einen Kopfstand zu machen und ein Glas Wasser zu trinken, die Arme hoch- und den Atem anzuhalten, die Finger in die Ohren zu stecken und gleichzeitig zu trinken, sich von jemandem erschrecken zu lassen und vermutlich noch vieles mehr. Es ist schwer zu sagen, ob diese »Heilmittel« wirken, aber wenn Sie diese ganzen komplizierten Anweisungen befolgt haben, wird der Schluckauf ohnehin verschwunden sein!

Wie viel **Energie** verbraucht ein aktives **Gehirn?**

Das können wir ausrechnen. Das Gehirn verbraucht ungefähr 20 Prozent der Energie eines Körpers in Ruhestellung. Wenn also der 65 Kilogramm schwere Körper eines Mannes in Ruhestellung 1,25 kcal/min verbraucht und der Körper einer Frau von 55 Kilogramm 0,9 kcal/min, dann liegt der Verbrauch des Gehirns des Mannes bei ungefähr 0,25 kcal/min und der der Frau bei ungefähr 0,18 kcal/min. Mit anderen Worten: Wenn Sie darauf spekulieren abzunehmen, indem Sie mehr Energie mit Gehirnaktivität verbrauchen, vergessen Sie es. Es bringt nichts, so sehr Sie sich auch den Kopf zerbrechen.

Wie **lange** braucht ein rotes **Blutkörperchen,** um einmal meinen **Körper** zu **durchlaufen?**

Dazu benötigen wir erst einmal grundlegende Informationen. Nehmen wir ein Körpergewicht von 70 Kilogramm an. Da der Anteil des Blutes 7 Prozent vom Körpergewicht beträgt, haben Sie ungefähr 4,9 Liter Blut in sich. Jeder Herzschlag pumpt 0,1 Liter Blut, und wir hoffen doch, dass Sie entspannt sind und Ihr Herz 67-mal in der Minute schlägt. In einer Minute pumpt Ihr Herz also 67 × 0,1 Liter = 6,7 Liter Blut. Somit durchlaufen 4,9 Liter Blut den Kreislauf in 44 Sekunden, und ein durchschnittliches rotes Blutkörperchen benötigt ebenfalls diese Zeitspanne.

Wenn mein Bruder **blaue Augen** hat und ich **braune,** bedeutet das, dass wir gar **nicht** richtig miteinander **verwandt** sind?

Die Augenfarbe wird hauptsächlich von einem Gen bestimmt, das entweder für Blau oder für Braun vorliegt, wobei Braun dominant ist. Deshalb gibt es auf der Welt mehr braunäugige Menschen als solche mit anderer Augenfarbe.

Wir erben von jedem Elternteil ein Gen für die Augenfarbe. Wenn Ihr Bruder blaue Augen hat, hat er zwei Kopien von der blauen Form des Gens geerbt (eine von jedem Elternteil), während Sie mindestens eine Kopie der braunen Form des Gens geerbt haben. Mag sein, dass die andere Kopie blau ist, aber die braune Form des Gens ist dominant und setzt sich damit am Ende durch: Deshalb haben Sie braune Augen.

Stimmt es, dass man bei **kaltem Wetter** öfter **Wasser lassen** muss?

Nicht direkt, aber wenn Sie sich in die Kälte begeben, versucht Ihr Körper, Wärme zu bewahren, indem er die Blutversorgung an den Extremitäten, Fingern und Zehen, drosselt und auf die Mitte des Körpers konzentriert. Dadurch wird unter anderem der Blutdruck in der Mitte des Körpers – wo sich auch die Nieren befinden – gesteigert, und das führt zu erhöhter Urinproduktion. Außerdem schwitzt man in der Kälte nicht, und das Wasser muss trotzdem irgendwie abgeleitet werden. Auch das könnte zu verstärktem Harndrang führen.

Stimmt es, dass man **sterben** kann, wenn man **zu viel Wasser** trinkt?

Eine Wasservergiftung – oder von zu viel Wasser »betrunken« werden – kommt bei Erwachsenen äußerst selten vor. Die Anzeichen sind Kopfschmerzen, Übelkeit und Koordinationsstörungen. Auch Gedächtnislücken, Völlegefühl, eine abnorm niedrige Körpertemperatur und Schlaganfälle können auf eine Wasservergiftung hinweisen. Sie kommt zustande durch Veränderungen im osmotischen Druck des Körpergewebes, da das in der Flüssigkeit um die Zellen enthaltene Wasser in die Zellen selbst eindringt. Das hat zwei fatale Auswirkungen: Die Zunahme an Körperflüssigkeit bewirkt eine Zunahme des Schädeldrucks auf das Gehirn, wodurch epileptische Anfälle und sogar der Tod hervorgerufen werden können. Das Volumen des Blutes nimmt ab, was zu einem Kreislaufschock führen kann. Wenn mehrere dieser Symptome zusammenkommen, kann das leicht zum Tode führen.

Warum **klopfen Ärzte** im Fernsehen auf das **Knie** des Patienten, um zu sehen, ob das **Bein** zuckt?

Nicht nur Ärzte im Fernsehen tun das, sondern alle Ärzte. Sie prüfen damit, ob der Kniesehnenreflex normal funktioniert. Daran sieht der Arzt, ob das Nervensystem des Patienten in Ordnung ist. Tatsächlich geben die Reflexe solcher tief liegender Sehnen wertvolle Informationen über den Gesamtzustand des Nervensystems.

Ein Reflex ist eine rasche, unwillkürliche Reaktion auf einen Reiz; und ein einfacher Reflex kommt durch das Zusammenwirken zwischen den Neuronen im peripheren Nervensystem und dem Rückenmark zustande. Das Gehirn nimmt diese Informationsübertragung vermutlich auch wahr, spielt bei der eigentlichen Reaktion jedoch keine Rolle. So ist die Reflexprüfung ein guter Test dafür, wie das Nervensystem an sich funktioniert. Ein leichter Schlag mit dem Reflexhammer auf die Patellarsehne des Knies veranlasst den Oberschenkelmuskel, der das Bein am Kniegelenk verlängert, zur Streckung. Rezeptoren in diesem Muskel, die Spindeln, reagieren auf die Veränderung der Muskellänge und erzeugen Nervenimpulse. Diese werden durch sensorische Neuronen Richtung Rückenmark geleitet. Hier bilden sie Synapsen, also Verbindungspunkte, an denen elektrische Signale von einer Nervenzelle zur anderen geleitet werden, und sofort geht eine Botschaft zurück zu den Oberschenkelmuskeln. Diese ziehen sich zusammen und bringen den Unterschenkel zum sattsam bekannten Vorwärtsschwingen. Wenn jedoch Erkrankungen des Nervensystems vorliegen, tritt eine Verzögerung der Reaktion oder gar keine Reaktion ein. Das ist es, was der Arzt prüfen will.

Warum stinken
Fürze?

Der medizinische Name für den Furz lautet »Flatus«, und ein
Flatus wird durch Bakterien im Dickdarm erzeugt. Diese Bakterien vergären unverdaute Nahrung und setzen Stickstoff,
Kohlendioxid, Wasserstoff, Methan und Schwefelwasserstoff
frei. Letztere drei Stoffe werden zwar nur in geringen Mengen erzeugt, doch der Schwefelwasserstoff ist berüchtigt für
seinen Gestank nach faulen Eiern, selbst in winzigen Mengen.
Deshalb stinken Fürze. Übrigens sind Methan und Wasserstoff leicht brennbar, und folglich sind die Geschichten, die
Sie über wilde Partys gehört haben, wo ein offenkundig sehr
Betrunkener versucht hat, seine eigenen Fürze anzuzünden,
doch nicht so weit hergeholt, wie Sie dachten. Allerdings
kann das, was zur Partyzeit noch ein toller Witz war, später
ins Gegenteil umschlagen: Die Verletzungsgefahr ist ziemlich
hoch, und die Verletzungen selbst sind äußerst schmerzhaft
und müssen im Krankenhaus behandelt werden. Außerdem
müssen Sie der Krankenschwester erklären, wie es dazu gekommen ist, und auch das ist schmerzhaft, wenn auch auf
andere Weise.

Die Zusammensetzung von Darmwinden ist sehr unterschiedlich. Die meiste Luft, die wir schlucken, besonders
der Sauerstoffanteil, wird vom Körper absorbiert, bevor das
Gas den Darmtrakt erreicht; was also hauptsächlich in den
Dickdarm gelangt, ist Stickstoff. Bakterien erzeugen zusätzlich Wasserstoff und Methan. Aber der relative Anteil dieser
Gase, die unsere Analöffnung verlassen, hängt von mehreren Faktoren ab: Was wir gegessen haben, wie viel Luft wir
geschluckt haben, welche Bakterien wir in unserem Darm
beherbergen und wie lange wir den Furz einhalten.

Je länger ein Furz eingehalten wird, umso mehr steigt

der Anteil des in ihm enthaltenen Stickstoffs, weil die anderen Gase eher durch die Darmwände in den Blutstrom absorbiert werden. Bei einem nervösen Menschen dagegen, einem »Luftschlucker«, bei dem die Nahrung den Darm rasch passiert, können die Fürze viel Sauerstoff enthalten, weil sein Körper kaum Zeit hat, den Sauerstoff zu absorbieren.

Woher kommen **Krämpfe**, und warum scheinen sie bevorzugt **Füße** und **Waden** zu befallen?

Krämpfe sind eine anhaltende und schmerzhafte abnorme Kontraktion eines Muskels oder einer Muskelgruppe und ein Anzeichen von Hypertonie oder eines übermäßigen Muskeltonus. Sie werden durch eine erhöhte Aktivität von Alphaneuronen hervorgerufen, die die Muskeln angespannt halten, auch wenn Sie sich noch so sehr bemühen, sie zu lockern. Das liegt daran, dass die für die Muskelkontraktion zuständigen Nerven unablässig Signale senden, die den Muskeln befehlen, sich zusammenzuziehen, und egal, wie gern Sie Ihre Muskeln entspannen würden, am Ende siegen die Nerven.

Manchmal bekommt man nach sportlicher Betätigung Krämpfe. Das liegt daran, dass die Muskeln nicht mit genügend Sauerstoff versorgt wurden, folglich stellen sie auf »anaerobe« Atmung ohne Sauerstoff um. Damit wollen die Muskeln genug Energie zur Kontraktion gewinnen. Ohne Sauerstoff jedoch führt diese »Atmung« zur Anreicherung von Milchsäure, dem Auslöser des Muskelkaters, und ohne Sauerstoff kann die Milchsäure nicht abgebaut werden.

Bei einem durchtrainierten Menschen nimmt die Anzahl von Muskelfasern in den Muskeln zu, auch die Blutversorgung verbessert sich; dadurch wird den Muskeln mehr Sauerstoff zugeführt, und sie können länger belastet werden, bevor Müdigkeit eintritt. Außerdem wird Milchsäure schneller abgebaut und die Neigung zu Krämpfen damit verhindert. Wenn Sie so fit sind, dass Sie niemals an den Punkt kommen, an dem sich Milchsäure infolge Sauerstoffmangels aufbaut, haben Sie auch keine Krämpfe mehr.

Krämpfe kommen meistens in Füßen und Beinen vor, weil diese schlechter mit Blut versorgt werden als der übrige Körper. Wegen der geringeren Versorgung gelangt weniger Sauerstoff in die Beine, und die Gefahr von Milchsäureanreicherung – und damit von Krämpfen – nimmt zu.

Warum müssen wir die **Augen zumachen,** wenn wir **niesen?**

Weil es physisch unmöglich ist, die Augen beim Niesen offen zu halten. Niesen ist ein Reflex, der vom vegetativen Nervensystem gesteuert wird, das auch unseren Herzschlag und unsere Atmung steuert und durch unseren Willen nicht zu beeinflussen ist. Einst kursierte die Theorie, dass die Augen herausspringen würden, wenn man sie beim Niesen nicht zumachte – aber dies hat bisher niemand nachprüfen können. Es bleibt allerdings die einzige Erklärung, denn eine bessere ist den Wissenschaftlern bis heute noch nicht eingefallen.

Warum sind unsere **Finger** unterschiedlich **lang?**

Wenn sich die Finger am menschlichen Embryo bilden, sind sie zunächst ungefähr gleich lang, jeder Finger hat aber einen bestimmten »Code« oder eine bestimmte Identität. Zu diesem Zeitpunkt misst jeder Finger ungefähr einen Millimeter und besteht aus Knorpelzellen, die aufs Wachsen programmiert sind. Da jeder Finger seine spezielle Identität hat, kann die Evolution jeden Finger zu einem individuellen Wachstum anregen, indem sie ein besonderes »Signalmolekül« benutzt.

Jeder Finger wird einer unterschiedlichen »Konzentration« dieses Signals ausgesetzt, und dies bestimmt, ob er länger oder kürzer wird als die anderen. Der Daumen erhält am wenigsten Input und bleibt somit der Kürzeste von allen.

Das ist das »Wie«; das »Warum« ist jedoch viel schwerer zu beantworten. Vielleicht erhalten wir durch unterschiedlich lange Finger ein besseres Fingerspitzengefühl; möglicherweise liegt es daran, dass die Finger bei jedem Menschen in ungefähr gleicher Weise zusammentreffen, wenn er seine fünf Fingerspitzen zusammenbringt – probieren Sie es aus!

Es muss noch gesagt werden, dass Menschenfinger sogar eine relativ einheitliche Länge haben, wenn man sie mit den Fingern anderer Spezies vergleicht. Fledermäuse haben Finger sehr unterschiedlicher Länge; am auffälligsten war diese Eigenschaft beim Pterodactylus-Flugsaurier mit einem riesigen und drei winzigen Fingern ausgebildet.

Wenn man sich in die **Fingerspitze** schneidet und der **Fingerabdruck** durchschnitten wird, kann die Haut später wieder zum ursprünglichen Abdruck **zusammenwachsen?**

Die Linien des Fingerabdrucks kommen durch »Hautleisten« zustande, die uns helfen, zu greifen und Gegenstände festzuhalten. Wenn diese »Rillen« durch einen Schnitt beschädigt sind, hängt die Wiederherstellung des Fingerabdrucks von der Tiefe der Wunde ab. Ein tiefer Schnitt führt zu einer Narbe, die natürlich nicht mehr dieselbe Hautstruktur aufweisen kann wie der ursprüngliche Fingerabdruck. Wenn der Schnitt jedoch nur oberflächlich ist, dann können die Rillen wieder zum ursprünglichen Muster zusammenwachsen – und dieses ändert sich nie.

Warum **rumort** es manchmal in meinem **Bauch?** Es kommt mir immer so vor, als ob andere es **hören** müssten.

In Ihrem Bauch rumort es nicht *manchmal*, sondern *immer*, und nicht nur, wenn er leer ist. Ein *Borborygmus* – der medizinische Ausdruck für Magenknurren – wird durch die Bewegung von Gasen verursacht. Bei der Nahrungsaufnahme verschlucken wir Luft, und während unser Magen sich zusammenzieht, wird die Luft umhergeschoben. Unser Magen knurrt lauter oder zieht sich stärker zusammen, wenn wir nervös oder hungrig sind, und das ist der Grund für das lautere Knurren. Aber machen Sie sich keine Sorgen – Sie sind Ihrem Magen viel näher als jeder andere, und das Geräusch wird Ihnen überdies durch Ihre Knochen und Muskeln übermittelt. Es müssten schon Geräusche vom Ausmaß eines Erdbebens sein, um andere zu stören.

Wodurch kommt
lockiges Haar?

Das ist eine einfache Frage, aber die Wissenschaft kennt noch keine befriedigende Antwort darauf. Wie üblich gibt es jedoch verschiedene Theorien.

Wir wissen, wodurch die Neigung zu glattem Haar oder zu Locken beeinflusst wird: durch die Gene, durch den Metabolismus (die Chemie des Körpers), durch die Rasse, durch Diäten, Krankheit und möglicherweise Stress oder Schock. Außerdem können Ereignisse während der Schwangerschaft die späteren Haareigenschaften des Embryos beeinflussen.

Früher dachte man, Locken hingen von der Form der Haarwurzel ab: glattes Haar aus einer geraden Wurzel, krauses Haar aus einer gedrehten Wurzel. Damit konnte aber nicht erklärt werden, wie das Haar eines Menschen sich von kraus zu glatt verändern konnte und umgekehrt.

Haarwuchs hängt von der Zellteilung in der Haarpapille ab, die ins untere Ende der Haarwurzel hineinragt. Wenn Sie sich das wachsende Haar wie ein Zifferblatt vorstellen und wenn die Zellen sich jede Stunde in einem gleichmäßigen Tempo teilen, dann wächst das Haar gerade und glatt. Wenn sich jedoch die Zellen bei 3.00 Uhr in einem höheren Tempo teilen, neigt sich das Haar während des Wachstums auf 9.00 Uhr zu. Beginnen dann die Zellen bei 9.00 Uhr schneller zu wachsen, würde sich das Haar wieder 3.00 Uhr zuneigen, und das Ergebnis wäre welliges Haar.

Stark gedrehte Locken bilden sich, wenn sich die Haarzellen in einem Kreis »um die Uhr« schneller teilen. Wenn die Zellen im Haarfollikel eines Lockenköpfigen plötzlich anfangen, sich in gleichmäßigem Tempo zu teilen, wird das solchermaßen erzeugte Haar glatt.

Haben **eineiige Zwillinge** identische **Fingerabdrücke?**

Nein. Selbst monozygotische Zwillinge (identische Zwillinge aus dem gleichen Ei) haben leicht unterschiedliche Fingerabdrücke.

Die Abdrücke bilden sich bereits vor der Geburt, und man nimmt an, dass ihre Form durch die Ernährung während der Schwangerschaft und das Wachstum der Finger in der dreizehnten Woche der Schwangerschaft beeinflusst wird. Während des Wachstums der Finger formen sich Polster an den Fingerspitzen, an denen sich schließlich Rillen bilden. Bei Föten mit höherem Blutdruck sind diese Polster geschwollen, und es bilden sich eher Wirbel im Abdruckmuster. Auch wenn Finger im Laufe des Lebens Verletzungen mit Narbenbildung erleiden, bleiben die Muster unverändert. Fingerabdrücke sind immer einzigartig, nicht nur für jeden Menschen, sondern auch für jeden einzelnen Finger. Es gibt zwar gewisse Ähnlichkeiten bei den Mustern von Zwillingen, doch das ist auch schon alles.

Kommt es vor, dass ein **eineiiger** Zwilling **Linkshänder** ist und der andere **Rechtshänder**?

Nach Auffassung mancher Wissenschaftler ist Rechts- und Linkshändigkeit genetisch vererbt. Laut Statistik besteht bei Rechtshändigkeit beider Eltern lediglich eine 9,5-prozentige Wahrscheinlichkeit, dass das Kind Linkshänder wird. Wenn ein Elternteil Linkshänder ist, schnellt die Rate auf 19,5 Prozent hoch, und bei Linkshändigkeit beider Eltern auf 26,1 Prozent. Wenn es also stimmt, dass Händigkeit genetisch vererbt ist, sollten eineiige Zwillinge stets dieselbe Händigkeit aufweisen, da sie genau die gleichen Gene (oder den Genotyp) gemeinsam haben.

Andererseits besteht die Auffassung, dass einem Kind die Links- oder Rechtshändigkeit anerzogen wird oder dass Händigkeit von den Bedingungen in der Gebärmutter abhängt, zum Beispiel von einem ungewöhnlich hohen Testosteronspiegel.

Nach dem heutigen Stand der Forschung jedoch besitzen Zwillinge dieselbe Händigkeit.

Wie wachsen **Fingernägel?**

Betrachten Sie Ihren Nagel: Der untere Bereich befindet sich im Fleisch Ihres Fingers. Dieser Teil des Nagels heißt Nagelbett, und dort findet das Wachstum des Nagels statt. Im Nagelbett teilen sich die Zellen, um neue Nagelzellen zu bilden, und schieben die alten Zellen in Richtung Fingerspitze. Wenn der Nagel aus dem Nagelbett herauswächst, sind die Zellen bereits abgestorben und mit einer

Keratinschicht überzogen, einem sehr widerstandsfähigen Protein, das unsere Fingerspitzen vor Verletzungen schützt. Der Nagel wächst, indem neue Zellen an der Wurzel die alten Zellen in Richtung Fingerspitze schieben.

Fast alle Körperzellen werden mittels eines Verfahrens namens *Mitose* gebildet: Eine Zelle erstellt eine Kopie von sich, um eine neue, identische Zelle zu erschaffen. Zuerst wird das genetische Material kopiert, dann bildet die Zelle alles andere nach. Danach teilt sie sich, und jeder Teil wird zu einer neuen Zelle. Auf diese Weise wächst und erneuert sich unser gesamter Körper, auch die Fingernägel.

Um **wie viel** kann ein **Nagel** pro Monat **wachsen?**

Fingernägel wachsen pro Woche 0,5 Millimeter. Da ein Monat 4,33 Wochen (52 geteilt durch zwölf) lang ist, wachsen Ihre Fingernägel 2,16 Millimeter pro Monat. In den Sommermonaten wachsen sie etwas schneller, in den Wintermonaten verlangsamt sich das Wachstum ein wenig. Zehennägel wachsen in einem geringfügig langsameren Tempo.

Was macht den **Urin gelb?**

Urin ist ein Teil des ausgeklügelten Entsorgungssystems unseres Körpers. Es wird von den Nieren gesteuert, deren Aufgabe es ist, den Salzgehalt im Blut konstant zu halten und Abfallstoffe aus dem Blutkreislauf zu entsorgen. Folglich besteht Urin aus Wasser, Salzwasser und Abfallprodukten, die der Körper loswerden will.

Hauptabfallstoff ist das aus den Körperzellen stammende Ammoniak, hinzu kommt Bilirubin aus dem Blut, das beim Zerfall des Hämoglobins entsteht. Diese Substanzen können dem Körper gefährlich werden, deshalb wandelt die Niere Ammoniak in Harnstoff um und baut Bilirubin zu gelbem Urobilinogen (einem Gallenfarbstoff) ab, der dem Harn seine gelbe Farbe verleiht. Wenn man genug Wasser trinkt, kann man das Urobilinogen verdünnen, und der Urin wird heller. Bei einem dehydrierten Menschen hingegen ist der Urin kräftig gelb.

Ich weiß, dass wir jeden Tag **Haut abstoßen,** aber **wie viel** ist das ungefähr?

Es stimmt, wir stoßen jeden Tag einiges an Haut ab und machen auf diese Weise jede Menge Dreck. Pro Minute verlieren wir 30 000 bis 40 000 mikroskopisch kleine Hautzellen – eine Menge, die sich im Jahr zu imposanten vier Kilogramm addiert. Manche Hautschüppchen fallen von selbst ab, die meisten jedoch verlieren wir durch Reibung, auch durch Kontakt mit unserer Kleidung. Und wo bleibt diese ganze tote Haut? Schauen Sie sich nur mal Ihren Hausstaub an.

Dieser Prozess ist kein Grund zur Sorge. Unaufhörlich werden neue Zellen gebildet, die den Verlust ersetzen. Die oberste sichtbare Hautschicht, die Epidermis, besteht aus vier oder fünf klar abgegrenzten Zellschichten. Die Handinnenflächen und die Fußsohlen sind normalerweise größerer Reibung ausgesetzt als der Rest des Körpers und deshalb mit einer Extra-Epidermiszellschicht ausgestattet.

Die abgestorbenen Hautzellen fallen von der obersten Schicht der Epidermis, dem *Stratum corneum*, ab, das aus fünfundzwanzig bis dreißig Schichten flacher und kräftiger abgestorbener Hautzellen besteht. Die unterste Schicht der Epidermis, das *Stratum basale*, enthält Zellen, die in ständiger Teilung begriffen sind und neue Zellen erzeugen, die sich durch alle Schichten der Epidermis nach oben arbeiten – ein bisschen so wie Menschen, die in einer Schlange vorwärts rücken.

Eine Hautzelle hat kein langes Leben: Ungefähr zwei Wochen nach ihrer Erschaffung stirbt sie ab und kann nur noch erwarten, in den Staubsauger gesaugt zu werden.

Wenn wir ständig **Haut abstoßen,** wieso verlieren wir unsere **Tätowierungen** nicht?

Die menschliche Haut besteht aus zwei Schichten: aus der Oberhaut, der Epidermis, und der Lederhaut. Die äußere Schicht ist ungefähr vier oder fünf Zellen dick, die Lederhaut jedoch viel dicker. Für ein Tattoo wird die Farbe tief in die Zellen im Unterhautgewebe eingebracht. Die Dermis ist relativ stabil und verändert sich kaum im Laufe eines Menschenlebens. In der Oberhaut werden die Zellen komplett ersetzt, doch in der Dermis werden nur einzelne Moleküle, nicht ganze Zellen ausgetauscht. Wenn Sie ein Tattoo haben, werden Sie es nicht mehr los, auch Ihre Körperchemie kann Ihnen dabei nicht helfen.

Können **kahlköpfige** Menschen **Schuppen** bekommen?

Ja, leider. Schuppen entstehen durch Bakterien, Hefe- und andere Pilze auf der Kopfhaut, unabhängig davon, ob Haare auf dem Kopf wachsen oder nicht. Dennoch kommen Schuppen häufiger bei Menschen mit Haarwuchs vor, weil die dichte Mähne Wärme und Feuchtigkeit speichert und somit ideale Bedingungen für Ungeziefer aller Art schafft.

Warum **riechen** meine **Hände,** nachdem ich **Geldmünzen** angefasst habe?

Da spielt sich eine Menge Chemie ab, und die hat hauptsächlich mit dem Schweiß an Ihren Händen und dem Metall der Münzen zu tun.

Die Zusammensetzung Ihres Schweißes verändert sich als Folge der Nahrung, die Sie zu sich genommen haben. Wenn Sie sich proteinreich ernähren, enthält Ihr Schweiß hauptsächlich Zusammensetzungen von Nitraten wie Ammoniak, und diese gehen mit dem Kupfer in den Münzen neue Verbindungen ein.

Nicht alle Münzen rufen bei allen Menschen den gleichen Geruch hervor. Wenn Sie einem trainierten Sportler eine Münze in die Hand drücken (der, wie zu vermuten steht, fleißig Proteine zu sich genommen hat, um Kraft und Ausdauer zu steigern), dann wird seine Hand stärker riechen als die einer relativ faulen Person, die überdies Fleisch und Käse aus ihrem Speiseplan gestrichen hat. Auch könnte ein Sportler stärker auf Metallmünzen reagieren als eine Sportlerin, denn sein höherer Testosteronspiegel sorgt für einen höheren

Säuregehalt im Körper, wie der angestiegene Nitratgehalt im
Schweiß zeigt.

Kann man im **Weltraum** eine **Triefnase** bekommen?

Laut NASA-Berichten klagen Astronauten immer wieder
über ein Gefühl der Dumpfheit im Kopf, besonders in den
ersten Tagen in der Schwerelosigkeit. Vielleicht liegt es daran, dass sich die Körperflüssigkeit in Beinen und Unterleib
der Astronauten nach oben in Brust und Kopf bewegt. Eine
Triefnase, die permanent läuft, kann es allerdings im All nicht
geben, weil ja keine Gravitation vorhanden ist, die Flüssigkeiten nach unten ziehen könnte. Stattdessen bleibt überschüssige Flüssigkeit in den Nasennebenhöhlen der Astronauten, bis sie sich die Nase putzen – dann wird der Schleim
durch Druck herausgepresst.

Ist es schädlich, **Nasenrotz** zu essen?

Das glaube ich kaum. Im Grunde essen wir ihn sowieso, und
das ständig. *Mucus* – der medizinische Name für Nasenrotz –
wird von den Zellen produziert, die unsere Atemwege aus-
kleiden, und während er von winzigen Flimmerhärchen in
Richtung Kehle transportiert wird, können wir nicht anders,
als ihn zu schlucken. Mucus ist alles andere als schädlich, sondern ein Abwehrmechanismus des Körpers gegen Pollen,
Staub und Bakterien in unserer Atemluft, und es ist besser,
wenn dieses Zeug in unserem Magen landet statt in unseren
Lungen.

Ich schätze, der Verzehr von Nasenrotz wäre nur dann schädlich, wenn dieser sehr giftige Partikel aus der Luft eingefangen hätte. Doch dieses Risiko ist gering, und der Magen ist dafür gerüstet, mit schädlichen Bazillen fertig zu werden. Wenn man also bedenkt, dass der meiste Mucus, den der Körper produziert, ohnehin verschluckt wird, dann macht der direkte Weg in den Magen letztlich keinen großen Unterschied.

Gibt es einen Grund, warum die meisten **Opernsänger** so **korpulent** sind?

Es gibt eine Theorie, nach der Übergewicht von Vorteil für die Stimme sein könnte. Zahlreiche Körperteile arbeiten zusammen, um das Geräusch hervorzubringen, das wir als Stimme kennen; das wichtigste Organ jedoch ist der Larynx oder der Kehlkopf.

Unsere Stimme kommt durch vibrierende Stimmbänder im Kehlkopf zustande, deren äußere Oberfläche, die Mukosa, das Aufeinandertreffen der Stimmbänder beim Vibrieren dämpft. Untersuchungen legen die Vermutung nahe, dass eine dickere, weichere Mukosa die Stimme befähigt, den Luftstrom aus den Lungen in eine lautere, kräftigere Stimme umzuwandeln. Und falls Übergewicht zu mehr Fettgewebe in der Mukosa führt, könnte dieser Umstand tatsächlich zu einer kräftigeren Stimme beitragen.

Warum **springt** bei manchen Menschen der **Bauchnabel** vor und bei anderen nicht?

Das entscheidet sich in den ersten Wochen nach der Geburt. Die Nabelschnur, die den Fötus in der Gebärmutter mit seiner Mutter verbindet, führt ihm Sauerstoff und Nahrung zu. Kurz nach der Geburt wird sie durchtrennt, und nur ein Nabelschnurrest wird stehen gelassen, der später abfällt. Nun kommt es darauf an, auf welche Weise sich das Loch der Nabelschnur schließt; dies entscheidet über die spätere Form des Nabels.

Wenn die Abdominalmuskeln sich nicht komplett schließen, bekommt man einen herausstehenden Nabel. Wenn sie sich komplett schließen, liegt der Nabel innen. Auch die Art des Durchtrennens der Nabelschnur kann beim zukünftigen Aussehen des Nabels eine Rolle spielen: Wenn nur ein kleiner Nabelschnurrest stehen bleibt, wird der Nabel eher nach innen liegen. Doch wenn ein größerer Rest stehen bleibt, kann das zu einem herausgestülpten Nabel führen.

Warum macht Alkohol **betrunken?** Und warum wird einem später **schlecht** davon?

Alkohol, in größeren Mengen genossen ein Gift, beeinflusst die Gehirnzellen, die Neuronen, und vor allem drei für das Gehirn wichtige Botenstoffe: Gamma Aminobutyric Acid (eine Aminosäure; Abk. GABA), Serotonin und Dopamin. Diese Stoffe sind Neurotransmitter, das heißt, sie flitzen als Signale zwischen den Nervenzellen hin und her und aktivieren oder deaktivieren die Zellen, auf die sie gepolt sind.

Alkohol führt zu einem Ansteigen des Serotoninspiegels. Dies bewirkt ein Glücksgefühl, und das ist ein Grund, warum das Trinken den Trinker sogleich in einen fröhlicheren Zustand versetzt. GABA hingegen wirkt im Allgemeinen hemmend und verlangsamt die Denkprozesse, was zu dem Gefühl der Trunkenheit beiträgt. Dopamin ist ein weiterer anregender Botenstoff, der jedoch auch für die Koordination von Bewegung zuständig ist, was vermutlich der Grund ist, warum Sie zu taumeln anfangen, sobald der Alkohol wirkt – und weshalb Sie auf keinen Fall mehr Auto fahren sollten.

Alkohol kann in großen Mengen genossen verschiedene Organe schädigen, zum Beispiel die Leber, und der Körper vermerkt die giftige Wirkung sehr genau. Eine kleine Menge wird er tolerieren, aber wenn das Maß des Erträglichen überschritten ist, trachtet er danach, die schädliche Substanz durch Erbrechen loszuwerden. Natürlich wird dabei nicht unbedingt viel Alkohol ausgeschieden, denn zu diesem Zeitpunkt ist das meiste davon wahrscheinlich schon absorbiert worden. Deshalb bleibt dem Körper als letzte Möglichkeit nur die übliche Form der Erholung von zu viel Alkohol: ein mächtiger Kater.

Warum **lechzen** wir nach **stärke-** und **fetthaltigem** Essen, wenn wir einen **Kater** haben?

Alkohol tut dem Körper einiges an, und der Effekt ist meistens ein Hungergefühl. Erstens ahmt Alkohol die Wirkung des Insulins nach und senkt den Blutzuckerspiegel. Der Körper reagiert mit Hungergefühl, und Sie müssen Nahrung zu sich nehmen.

Außerdem regt Alkohol den Speichelfluss und die Bildung von Magensäften an – der so genannte Aperitifeffekt –, und auch das kann nach Auffassung einiger Wissenschaftler das Hungergefühl steigern.

Zudem wirkt Alkohol harntreibend, das heißt, er regt die Ausscheidung von Flüssigkeiten an; dies kann schnell zu Wassermangel oder sogar Dehydration führen. Wenn Sie so betrunken waren, dass Sie einen Kater haben, leiden Sie wahrscheinlich unter starker Dehydration, und ihre Hirnanhangsdrüse reagiert darauf mit einem starken Durstgefühl. Hunger und Durst werden häufig verwechselt, da beide durch eine Reizung des lateralen Hypothalamus hervorgerufen werden: Dies ist der Teil des Gehirns, der Körpertemperatur, Durst, Hunger, Wasserhaushalt, emotionale Aktivität und Schlaf steuert.

Um den Kater loszuwerden, lechzen wir nach Nahrung, und es gibt keinen besseren Weg, den Körper wieder satt zu machen, als fetthaltiges Essen. Fette lösen sich rasch im Mund, geben viel Geschmack ab, lassen diesen aber auch vorhalten, sodass Sie länger etwas davon haben. Außerdem ist es möglich, dass fett- und zuckerhaltige Nahrung die Bildung von Endorphinen anregt: Dies sind die körpereigenen Schmerzmittel, deren Ausschüttung ein Wohlgefühl bewirkt. Vielleicht auch eine gute Kur gegen den dicken Kopf!

Warum machen die **Sprudelbläschen** in **Sekt** schneller **betrunken?**

Das Alkohol-Molekül ist ziemlich klein und wird rasch vom Blut absorbiert. Die Bläschen im Sekt bestehen aus Kohlendioxid und führen zu noch schnellerer Absorption, weil sie den Alkohol in Ihrem Mund, Ihrem Magen und Ihrem Darm

»durchrühren«. Bei einem Experiment, in dem die Hälfte der Probanden normalen Sekt und die andere Hälfte Sekt ohne Bläschen trank, wurde bei der ersten Gruppe ein nur halb so hoher Alkoholgehalt im Blut gemessen.

Sie können die besondere Wirkung von Sekt mindern, indem Sie ihn aus flachen Sektkelchen trinken. Eine hohe, schmale Sektflöte jedoch lässt kaum Kohlendioxidbläschen entweichen und steigert die Wirkung noch.

Wie kann der **Körper** mehr **Gewicht**
zulegen als das Gewicht der **Nahrung,**
die er aufgenommen hat? Wenn man
ein Kilo Schokolade isst, nimmt man
dann **mehr** als ein Kilo Schokolade zu?
Und würde es bei einem **Kilo Äpfel**
weniger sein?

Man kann nicht mehr »zulegen« als das Gewicht dessen, was man isst. Das wäre gegen jede Regel der Thermodynamik und der Massen- und Energieerhaltung. Außerdem benötigen Sie einiges von der durch die Nahrung aufgenommenen Energie zur Verdauung und Verarbeitung im Körper.

Es ist schwer zu bestimmen, wie viel Sie an Gewicht zunehmen, wenn Sie ein Kilogramm eines bestimmten Nahrungsmittels zu sich nehmen. Es hängt zunächst von Ihrem Stoffwechsel ab, und der variiert stark von Mensch zu Mensch und bestimmt die Art der Nahrungsverwertung. Der Stoffwechsel ist das Gleichgewicht zwischen dem Anteil der Nahrung, der vom Körper für Energie- und Proteinsynthese verbraucht wird, und jenem Anteil, der sich als Reserve im Körper anlagert. Das Gleichgewicht zwischen diesen Anteilen wird vom Körpergewicht, von der benötigten Energie zur Wärmeerhaltung und vom Alter des Betreffenden beeinflusst – bei einem älteren Menschen verlaufen die Prozesse langsamer.

Während manche Menschen also nach dem Genuss von einem Kilo Schokolade überhaupt nicht zunehmen, können andere sehr wohl etwas zulegen. Es gibt keine allgemeine Regel, wie viel ein Mensch nach dem Genuss dieser Menge Schokolade zunehmen wird, da jeder Mensch pro Tag unterschiedlich viel Energie verbraucht, aber man kann ausrechnen, wie viel Energie ein Kilogramm Schokolade enthält. Und so geht die Rechnung:

Die vier Hauptbestandteile der Nahrung sind Kohlenhydrate, Proteine, Fett und Wasser. Vitamine und Mineralien sind auch enthalten, jedoch in viel kleineren Mengen. Der Energiegehalt eines bestimmten Lebensmittels hängt von seinem relativen Gehalt an Kohlenhydraten, Proteinen, Fett und Wasser ab.

Auf der Rückseite von Lebensmittelverpackungen finden Sie den Energiegehalt, der entweder in Kalorien oder Kilokalorien angegeben ist; beides ist gebräuchlich, und 1 »kcal« bedeutet schlicht 1000 Kalorien. Eine Kalorie ist die Menge Energie, die benötigt wird, um ein Gramm Wasser um ein °C zu erwärmen. Wenn Leute allerdings darüber reden, wie viel Kalorien ein bestimmtes Lebensmittel hat, meinen sie eigentlich Kilokalorien, die (vielleicht aufgrund einer Verwechslung) der Kürze halber Kalorien genannt werden.

Eine normale Tafel Schokolade von 100 Gramm enthält ungefähr 7 Gramm Protein, 54 Gramm Kohlenhydrate, 34 Gramm Fett und 5 Gramm Wasser und verschafft Ihnen 550 kcal Energie. 100 Gramm Äpfel enthalten durchschnittlich 0,2 Gramm Protein, 15,4 Gramm Kohlenhydrate, 0,35 Gramm Fett und 84 Gramm Wasser und verschaffen Ihnen 60 kcal Energie.

Ein durchschnittlicher Mann benötigt pro Tag 2500 kcal, und wenn er es tatsächlich schafft, am Tag ein Kilo Schokolade zu verputzen, hätte er damit 3000 Extrakalorien zu sich genommen, die sein Körper entweder als Fett oder als Kohlenhydratreserve einlagern würde.

Wie lange kann ein Mensch **wach bleiben?**

Der offizielle Rekord im Dauerwachbleiben steht bei 264 Stunden (oder elf Tagen), aufgestellt von dem 17-jährigen Schüler Randy Gardner im Jahre 1964. Während der gesamten Dauer des Experiments wurde er von Schlafforschern überwacht und hatte offensichtlich an wenigen oder keinen Nachwirkungen zu leiden. Andere Versuchspersonen in überwachten Schlaflaboren haben es bis zu acht oder zehn Tagen ohne Schlaf geschafft.

Obwohl keiner dieser Probanden ernsthafte gesundheitliche, neurologische oder körperliche Probleme bekam, zeigten sich bei allen mit zunehmendem Schlafentzug Konzentrations-, Motivations- und Wahrnehmungsstörungen. Phasen veränderter Bewusstseinszustände (der so genannte Mikroschlaf) wurden immer häufiger; diese veränderten Zustände führten zu einem Verlust der Erkenntnisfähigkeit und Erlahmen der motorischen Fähigkeiten. Wir können also mehrere Tage lang »wach« bleiben, müssen jedoch mit schweren Defiziten bei unserer Wahrnehmungs- und Erkenntnisfähigkeit rechnen.

Kann man einen Menschen **so lange wach** halten, dass er daran **stirbt?**

Man kann! In einem Experiment wurden Ratten auf eine Drehscheibe platziert, die sich immer dann in Bewegung setzte, wenn die Gehirnwellen des Nagers Müdigkeit suggerierten – durch die Bewegung wurde er jedoch zum Wachsein gezwungen. Nach Ablauf einer Woche zeigte sich der Schlafentzug an einem erhöhten Stresslevel: krankhafte Gewebeveränderungen an Schwanz und Pfoten; die Ratte erschien sichtlich gereizt; ihre Körpertemperatur fiel, weil sie krampfhaft versuchte, sich warm zu halten. Sie fraß doppelt so viel wie vorher, verlor jedoch 10 bis 20 Prozent ihres Körpergewichts. Nach annähernd siebzehn Tagen ohne Schlaf starb das Tier. Dieses Experiment zeigt, dass Schlaf fast so wichtig für das Überleben ist wie Nahrung. Höchstwahrscheinlich würde es einem Menschen ebenso ergehen wie der Ratte.

Warum sind die **Lippen** bei manchen Menschen **rot,** bei anderen eher **rosa?**

Die Oberflächenhaut unserer Lippen ist durchsichtiger als die Gesichtshaut, da sie weniger Keratin enthält – ein starkes Gerüstprotein, aus dem Haut, Haare und Nägel hauptsächlich aufgebaut sind. Das stärker durchsichtige Gewebe lässt winzige Blutgefäße unter der Haut durchschimmern, und daher rührt die rote oder rosa Farbe. Die Intensität des Lippenrots hängt von der individuellen Hautstärke und der Menge der Blutgefäße unter den Lippen ab. Je mehr Blutgefäße und je dünner die Haut, desto roter die Lippen.

Die Farbe der Lippen wird auch durch Melanin, das Hautfärbepigment, beeinflusst. Obwohl der Melaningehalt in den Lippen viel geringer ist als in der übrigen Haut, tendieren Menschen mit mehr Melanin im Körper zu dunkleren und braunen Lippen. Der Melaningehalt der Haut ist ererbt, und die Genetik spielt eine wichtige Rolle bei der Lippenfarbe. Allerdings müssen Sie bedenken, dass vermutlich eine Vielzahl von Genen Hautfarbe und -dicke beeinflussen, daher werden Sie die Lippenfarbe eines Kindes nicht »erraten« können, indem Sie lediglich seine Eltern betrachten.

Warum **blinzeln** wir?

Zunächst einmal müssen wir blinzeln, um das Auge zu reinigen und zu befeuchten. Bei jedem Wimpernschlag werden salzige Sekrete aus den Tränendrüsen ins Auge gebracht, spülen kleine Staubkörnchen fort und »schmieren« den Teil des Augapfels, der der Außenwelt ausgesetzt ist. Normalerweise blinzeln wir alle vier bis sechs Sekunden, wenn wir uns jedoch in einer »reizenden« Umgebung befinden – zum Beispiel in einer verräucherten Kneipe –, blinzeln wir häufiger, um unsere Augen sauber und feucht zu halten.

Allerdings blinzeln wir öfter, als nötig wäre, um die Hornhaut der Augen sauber und feucht zu halten. Kinder blinzeln ungefähr nur einmal pro Minute, Erwachsene jedoch zehn bis fünfzehn Mal. Wissenschaftler sind inzwischen zu der Überzeugung gekommen, dass dieses Verhalten mit Informationserwerb zu tun hat: Experimente haben gezeigt, dass wir selten blinzeln, wenn wir mit vielen Informationen konfrontiert werden, und häufiger, wenn dies nicht der Fall ist.

Blinzeln ist eine Art Zeichensetzung des Denkens, es signalisiert eine Pause in der Gehirnaktivität. Wenn wir etwas Interessantes lesen, blinzeln wir höchstens drei bis acht Mal pro Minute, doch wenn wir uns nicht konzentrieren, können es bis zu fünfzehn Mal pro Minute sein. Vermutlich blinzeln wir beim Lesen, wenn unsere Augen zur nächsten Seite oder zur nächsten Zeile wandern.

Kein Blinzeln gleicht dem anderen. Untersuchungen haben gezeigt, dass die Häufigkeit und Dauer den Umständen entsprechend schwankt. Piloten der Royal Air Force, die in Flugsimulatoren über »sicheres« Territorium flogen, blinzelten öfter und hielten mitunter sogar die Augen länger geschlossen als beim Flug über »feindliches« Territorium. Wenn sie jedoch vom feindlichen Radar entdeckt wurden und Schüssen ausweichen mussten oder wenn sie ihre Konzentration auf die Landung richteten, blinzelten sie seltener.

Wie viel **Lebenszeit** verbringen wir durch **Blinzeln** mit geschlossenen Augen?

Ein Blinzeln dauert ungefähr 0,3 bis 0,4 Sekunden. Wir blinzeln durchschnittlich fünf Mal pro Minute, und das in jeder Minute eines 18-Stunden-Tages. Summa summarum eine halbe Stunde pro Tag, in einem durchschnittlichen Leben also fünf Jahre.

Warum können **Babys** gleichzeitig **atmen** und **schlucken, Erwachsene** jedoch **nicht?**

In unserem Hals gibt es zwei Röhren: die Speiseröhre, durch die Essen in unseren Magen gelangt, und den Kehlkopf, den obersten Teil der Luftröhre. In der Nähe des Mundes vereinigen sich diese beiden Röhren. Wenn nun Nahrung in die Luftröhre gelangt und diese blockiert, können wir daran ersticken. Deshalb haben wir einen Reflex entwickelt, der uns daran hindert, gleichzeitig zu atmen und zu schlucken.

Babys unter sechs Monaten haben diesen Reflex nicht und können daher gleichzeitig atmen und schlucken. Warum wird ihnen das nicht gefährlich? Die Antwort lautet: Bei sehr kleinen Babys liegt der Kehlkopf viel höher im Hals als bei Erwachsenen, und wenn sie saugen, kann die Milch an beiden Seiten des Kehlkopfs in die Speiseröhre rinnen, ohne in die Lungen zu gelangen. Wenn das Baby größer wird, verändert sich die Form des Kehlkopfs, und das Baby entwickelt den Reflex. Niemand weiß genau, wie das vor sich geht, aber es scheint, dass die Fähigkeit, gleichzeitig zu schlucken und zu atmen, der »Normalzustand« für Babys ist, der dann im Laufe der Saugphase »abgeschaltet« wird.

Wenn wir doch so viel **Wasser** im Körper haben, wieso sehen wir dann wie ein **fester Körper** aus?

Der Körper eines Erwachsenen besteht zu schätzungsweise 55 bis 60 Prozent aus Wasser, aber manche Körperteile enthalten mehr Wasser als andere. Gehirn und Haut bestehen zu 70 Prozent, Blut zu 82 Prozent und die Lungen zu fast 90 Prozent aus Wasser.

Wir wirken fest, weil das Wasser verborgen in unserem Inneren ist: in unseren Zellen und unseren inneren Organen. Ohne Wasser wären die lebenserhaltenden chemischen Reaktionen nicht möglich. Außerdem sorgt die Flüssigkeit in unseren Körperzellen für die Form unseres Körpers – gefriergetrocknet würden wir nämlich ganz schön eingeschrumpft aussehen.

Auch unser Blut enthält viel Wasser, in dem die Blutkörperchen schweben: das Hämoglobin, die weißen Blutkörperchen, die Blutplättchen usw. Wasser macht aus unserem Blut eine Flüssigkeit und ermöglicht ihm, durch die Blutgefäße in alle Körperteile zu gelangen und seine lebenswichtigen Aufgaben zu erfüllen.

Wenn man **auf dem Kopf** stehend Wasser **trinkt,** gelangt es dann auch in den **Magen?**

Alles, was Sie essen oder trinken, landet letztlich in Ihrem Magen, da spielt die Körperhaltung keine Rolle. Nahrung wird nicht mittels Schwerkraft in den Magen befördert, sondern durch eine Reihe von Reflexen, die vom Gehirn gesteuert werden.

Der Mund ist nicht nur mit dem Magen, sondern auch mit Nase und Lunge verbunden; bei der Nahrungsaufnahme ist es also wichtig, dass Essen oder Trinken nicht am falschen Ort landen. Schlucken löst einen Reflex aus, sodass als einzige offene Passage die Speiseröhre bleibt, die Röhre, die Mund und Magen verbindet. Die Muskeln in der Speiseröhre ziehen sich zusammen, um sicherzustellen, dass Essen und Trinken in die richtige Richtung zum Magen rutschen – und

das sogar, wenn wir auf dem Kopf stehen! Manchmal, wenn wir gleichzeitig essen und reden, versagt der Reflex, und ein Bröckchen Nahrung gelangt in den falschen Kanal – dann müssen wir husten.

Der Schluckreflex bewirkt auch, dass Astronauten unabhängig von Gravitation essen können. Selbst wenn sie schwebend im Raumschiff kauen, erreicht die Nahrung ihren Magen.

Sind **neugeborene** Jungen **anfälliger** als neugeborene **Mädchen**?

Man sollte glauben, es mache kaum einen Unterschied, aber männliche Neugeborene sind *tatsächlich* anfälliger als weibliche.

Warum das so ist, darüber gibt es nur Theorien. Manche sind der Auffassung, dass die hormonelle Umgebung der Gebärmutter negative Auswirkungen auf die Entwicklung männlicher Föten haben könnte. Denn diese müssen, um den Einflüssen des von der Mutter erzeugten Östrogens entgegenzuwirken, so schnell wie möglich mit der Produktion von Testosteron beginnen, was eine rasche Entwicklung der Hoden voraussetzt. Um das zu erreichen, erhöhen männliche Föten ihre Stoffwechselrate, und das könnte sie im Unterschied zu weiblichen Föten anfälliger machen.

Möglich wäre auch, dass Umweltgifte wie PCB und Waschmittel das weibliche Hormon Östrogen nachahmen und damit die Fortpflanzungsorgane der Jungen bereits in der Gebärmutter zerstören. Die Natur scheint dieses kleine Problem jedoch erkannt zu haben und wirkt der Empfindlichkeit der Jungen dadurch entgegen, dass mehr von ihnen gezeugt werden. Im Durchschnitt kommen auf die Zeugung von 100 Mädchen 125 Jungen, und obwohl mehr männliche Föten vorzeitig abgestoßen werden, werden mehr Jungen geboren – ungefähr 105 zu 100 Mädchen.

Außerdem scheinen mehr Jungen zu den Jahreszeiten empfangen zu werden, in denen die Bedingungen für Schwangerschaft und Geburt optimal sind; dies wäre ein weiterer Schachzug der Natur, die Unterschiede auszugleichen, die durch die höhere Anfälligkeit der Jungen bedingt sind.

Wofür ist **Ohrenschmalz** gut, und warum **schmeckt** es so **schlecht?**

Sehen Sie sich mal ein Ohr genauer an. Da haben Sie den äußeren Gehörgang, ein gekrümmtes Rohr, das vom Trommelfell zur Kopfseite verläuft. In diesem Rohr sind ein paar Härchen und Drüsen, die *Cerumen* oder Ohrenschmalz produzieren. Haare und Schmalz schützen das Ohr vor dem Eindringen von Staub und Dreck.

Normalerweise produzieren die Drüsen gerade so viel Wachs, dass das Ohr nicht gereinigt zu werden braucht. Tatsächlich ist es gar nicht gut, die Ohren zu säubern: Die Drüsen könnten dadurch zur Überproduktion angeregt werden. Nur wenn das Ohr erkrankt – zum Beispiel durch eine Entzündung –, wird zu viel Schmalz produziert, und dann müssen wir eventuell zum Arzt, der den Gehörgang wieder freimacht. Ein guter Rat: Sie sollten niemals den Gehörgang reinigen und mit Wattestäbchen nur an die Außenseite des Ohrs gehen.

Das Ohrenschmalz selbst ist eine Mischung aus abschilfernden Keratinozyten – besser bekannt als trockene Haut- und Haarschüppchen – und Sekreten der schmalzbildenden

Drüsen und der Talgdrüsen im äußeren Gehörgang. Die wichtigsten organischen Komponenten von Ohrenschmalz sind gesättigte und ungesättigte Fettsäuren in langen Molekülketten, Squalen (eine Substanz, die sich auch in Haifischleberöl findet) sowie Cholesterin.

Und warum schmeckt Ohrenschmalz so eklig? Die langkettigen Fettsäuremoleküle im Ohrenschmalz sind dieselben, die auch in Butter und Margarine vorkommen. Werden diese Fettsäuren dem Sauerstoff ausgesetzt, oxidieren sie: Butter oder Margarine werden ranzig. Das Gleiche geschieht mit Ohrenschmalz – es ist ranzig!

Warum haben wir **Sommersprossen** auf dem **Handrücken,** nicht aber auf den **Fingern?**

Sommersprossen sind Zusammenballungen von Hautzellen mit einem höheren Melaningehalt als andere Zellen und bilden sich unter Einfluss von Sonnenlicht. Wenn wir beim Gehen die Hände hängen lassen, neigen wir dazu, die Finger nach innen zu biegen und sie vor der Sonne abzuschirmen. So gelangt weniger Sonne auf die Finger, und es können keine Sommersprossen entstehen.

Wie lange kann eine **einbalsamierte Leiche** aufgebahrt werden, bevor sie anfängt, sich zu **zersetzen?**

Leichen, die mumifiziert oder einbalsamiert sind, können Jahrzehnte oder sogar Jahrhunderte überdauern, bevor sie verwesen. Die Ägypter trockneten die Leichen und bewahrten sie so vor Mikrobenbefall. Zusätzlich wurde zur inneren Trocknung eine Salzmischung namens Natron von den Ufern des Nils benutzt; sie machte den Leichnam alkalisch, was Bakterien gar nicht mögen. Der Hauptgrund für die hervorragende Konservierung der ägyptischen Mumien ist jedoch das trockene nordafrikanische Klima.

Bei der modernen Einbalsamierung werden Formaldehyd, Phenol, Methanol, Äthanol und andere Lösungsmittel benutzt. Das Blut wird aus der Leiche entfernt, indem man mit einer Pumpe Balsamierungsflüssigkeit in den Körper injiziert. Diese enthält üblicherweise ein Desinfektionsmittel – Phenol, das die im Körper vorhandenen Mikroben abtötet –

sowie ein Konservierungsmittel – Formaldehyd –, das die Zellen »fixiert«. Formaldehyd bringt jegliche Bioaktivität des Körpers zum Stillstand, da es Proteine und andere Moleküle miteinander verbindet und die so erhaltenen Strukturen an ihren Platz bannt. Diese Einbalsamierungsmethode kann den Prozess der Verwesung für Jahrzehnte aufhalten.

Was hindert einen daran, zu **verwesen,** bevor man **stirbt?**

In unserem Immunsystem gibt es weiße Blutkörperchen, Antikörper und Antioxidantien, die während unseres Lebens immer vorhanden und aktiv sind. Sie verrichten ihre Arbeit nicht nur in unserem Blut, sondern auch in anderen Zellen bestimmter Körperregionen. Ihr Job ist es, alles »Fremde« aufzuspüren und zu vernichten.

Sobald der Tod eingetreten ist, bricht der Sauerstoffzufluss zu allen unseren Zellen ab, auch zu denen in unserem Immunsystem. Nun hindert nichts mehr die Mikroben an ungehemmtem Wachstum. Bald schon wird der gesamte Organismus zu einem »Fressfeld« aus abgestorbenen Körperzellen, die ihre Form verlieren und ihren Inhalt hinausschwemmen; auf diese Weise wird eine »Suppe« erzeugt, von der sich die Mikroben ernähren. Zu diesem Zeitpunkt setzt die volle Verwesung der Leiche ein.

Wenn wir lebendig sind, schützt uns auch unsere Haut vor der Verwesung, indem sie den Mikroben eine körperliche Barriere entgegensetzt. Aber sobald wir tot sind, verliert die Haut ihre feste Struktur, und dieser Verteidigungswall bricht zusammen.

Der Verwesungsprozess vollzieht sich außergewöhnlich schnell. In einem heißen, feuchten Klima beginnt der Körper sich bereits nach einem Tag zu zersetzen. Unter kühleren, sterilen Bedingungen (wie zum Beispiel in einer Leichenhalle) verlangsamt sich der Prozess und kann Monate dauern.

Ist es **möglich, ewig** zu **leben?**

Wenden wir uns zunächst einmal der Theorie und dann der Wirklichkeit zu. Gemäß Einsteins Relativitätstheorie ist es unmöglich, sich mit Lichtgeschwindigkeit zu bewegen, aber je mehr man sich der Lichtgeschwindigkeit annähert, desto langsamer scheint die Zeit zu vergehen, verglichen mit der Zeit auf der Erde, wo sich die Menschen nicht mit Lichtgeschwindigkeit fortbewegen. Theoretisch könnte man die Zeit für sich verlangsamen, indem man mit Lichtgeschwindigkeit reist, bis auf der Erde alle tot sind. Für Sie wäre es jedoch immer noch die gleiche gefühlte Lebenszeit, als wenn Sie zu Hause geblieben wären; Sie selbst hätten also nicht das Gefühl, als hätten Sie ewig gelebt.

Nun zur wirklichen Welt. Vom biologischen Standpunkt aus gesehen gibt es mannigfache Gründe, warum wir nicht ewig leben. Unser Körper enthält Zellen, die sich nicht erneuern können, wie zum Beispiel die Nervenzellen, die Gehirnzellen und die Knochenzellen. Wenn sie im Laufe der Zeit durch Abnutzung absterben, werden sie nicht ersetzt. Und auch mit den Zellen, die sich durch Teilung erneuern und Kopien ihrer selbst erstellen, gibt es ein Problem: Während der Zellteilung können sich Fehler einschleichen, die Mutationen verursachen. Solche Fehler kommen in jeder Generation vor. Je länger Sie leben, desto mehr Zellkopien werden erstellt, und mehr Kopien bedeuten mehr Mutationen – bis schließlich nicht mehr genug »voll arbeitende Zellen« übrig sind, die ihren lebenserhaltenden Job ausüben können.

7. Küche und Heim

Gelees, Diamanten und Zwiebeln

Ich habe im Laufe der Jahre unzählige
Ananasgelees für meine Kinder gemacht
und jedes Mal **Dosenananas** genommen.
Jetzt habe ich, weil ich das gesünder finde,
frische Ananas verwendet. Was dabei
herauskam, war **Suppe** und kein Gelee.
Was ist da passiert?

Es sind schlicht die Enzyme, die Ihnen die Party verderben. Ananas enthält ein Enzym namens Papain, das Proteine in kleine Fragmente aufspalten kann. Und Gelatine, die für das Gelingen eines festen Gelees nötig ist, ist ein Protein, das von Papain nur zu gern aufgespalten wird. Das Ergebnis ist, dass Ihr Gelee nicht fest werden wird. Was ist nun der Unterschied zu Dosenananas? Nun, einfach der, dass die Frucht vor dem Eindosen stark erhitzt wird und dadurch das Papain zerstört wird. So bleibt das Gelatineprotein erhalten, und Ihnen gelingt ein perfektes Gelee.

Papain ist jedoch keinesfalls nur ein Zerstörer. Da es Proteine aufspaltet, ist es ein exzellenter Fleischzartmacher, denn die Festigkeit von Fleisch wird durch ein Bindungscollagen verursacht, das ebenfalls ein Protein ist. Auch gelöstes Protein in frisch gebrautem Bier kann durch Papain beseitigt werden.

Eine Warnung noch: Versuchen Sie nicht, mit frischen Kiwis, Feigen oder Mangos Gelee herzustellen. Auch hier erhalten Sie eine »Suppe«, weil diese Früchte ebenfalls Papain enthalten.

In meiner **Küche** liegen ein paar wenige Tage alte **Bananen,** die **schwarz** geworden sind. Hat mir der Händler **verdorbenes Obst** verkauft?

Nein, wahrscheinlich nicht. Es sind wieder die Enzyme – mit denen scheinen Sie wirklich auf Kriegsfuß zu stehen. Zunächst einmal ist die Banane eine Tropenfrucht, die nichts anderes kannte als grelle Sonne, bis sie in Ihrem Kühlschrank landete. Bananen sind einfach nicht für Kälte geschaffen, anders als Äpfel oder Birnen, denen wochenlange Lagerung im Kühlen nichts anhaben kann. Die Zellmembranen der Banane platzen auf, und heraus strömen Enzyme auf der Suche nach etwas, was sie vernichten können. Ein Enzym, die Polyphenyloxidase, reagiert mit Tanninen, die normalerweise in einem anderen Teil der Zelle verankert sind, und diese Reaktion führt zur Bildung brauner Flecken – oder zu schwarzen Bananen, die Sie dann aus Ihrem Kühlschrank anstarren.

Die ideale Lagertemperatur für Bananen liegt bei 13,3 °C. Unter 10 °C neigen sie dazu, schwarz zu werden; packen Sie sie also in kalten Nächten warm ein.

Warum sind **Eiswürfel** immer **trübe?** Das Wasser ist doch **klar,** bevor es **gefriert**.

Aus drei Gründen: jeder ein gutes Beispiel dafür, was passieren kann, wenn man einem Lichtstrahl Hindernisse in den Weg legt. Erstens: Der Eiswürfel ist nicht ein großer Kristall, sondern besteht aus einer Vielzahl kleiner Kristalle und bietet somit dem Licht viele Möglichkeiten zur *Beugung*, zur *Diffraktion*, wenn es auf die Kanten der Kristalle trifft. Zweitens: Die in der Atmosphäre enthaltenen Gase wie Kohlendioxid, Sauerstoff und Stickstoff sind in kaltem Wasser löslich; nähert sich das Wasser aber seinem Gefrierpunkt, werden Gasblasen in der Kristallstruktur eingeschlossen. Diese Blasen können zwar winzig sein, sind jedoch immer noch groß genug, um das Licht zu *brechen,* zu *refraktieren*. Drittens: Einige Wassermoleküle bleiben flüssig, selbst in einem Eiswürfel – wiederum eine Gelegenheit zur *Lichtbrechung*. Nehmen Sie diese drei Gründe zusammen, dann sehen Sie, wie wenig Spielraum dem Licht bleibt, durch einen Eiswürfel zu dringen und ungehindert an der anderen Seite wieder herauszutreten.

Sie möchten den Unterschied zwischen *Diffraktion* und *Refraktion* wissen? Diffraktion liegt vor, wenn eine Lichtwelle auf ein Hindernis trifft und gebeugt wird, d. h. die Richtung ändert. Refraktion liegt vor, wenn die Lichtwelle beim Übergang von einem Medium in ein anderes gebrochen wird.

Wenn ich **zwei Tassen Kaffee,**
eine mit einer Temperatur von **40°C,**
die andere mit **30°C,** in die **Kühltruhe** stelle,
welche gefriert **zuerst?**

Es ist gegen jede Alltagslogik, aber es ist der heißere Kaffee, der zuerst gefriert, weil die heißen Wassermoleküle genug Energie besitzen, um als Dampf aufzusteigen und damit dem heißen Kaffee Hitze zu entziehen. Kalte Wassermoleküle sind nicht so energiereich und steigen nicht so schnell aus dem Wasser auf. Obwohl also das 40°C heiße Wasser heißer ist, verliert es seine Hitze schneller, weil seine Moleküle mehr Energie besitzen; das heißere Wasser verliert seine Energie folglich schneller als das kühlere Wasser, kühlt rascher ab und erreicht schneller den Gefrierpunkt. Diese Tatsache ist schon seit langer Zeit bekannt. Aristoteles (384–322 v. Chr.) schrieb in seiner *Meteorologica*: »Viele Menschen bringen das Wasser, das sie rasch abkühlen wollen, in die Sonne. Wenn die Eingeborenen auf dem Eis ihr Lager aufschlagen und fischen (sie schlagen ein Loch ins Eis, um zu fischen), gießen sie warmes Wasser um ihre Fischruten, weil es schneller gefriert; denn sie benutzen das Eis wie Blei, um die Ruten zu befestigen.«

Wenn ich eine Tasse **Kaffee** mit einem
Tropfen **Milch** in der **Mitte** drehe,
bewegt sich der Milchtropfen **nicht,**
aber der **Kaffee dreht** sich um den Tropfen.
Warum?

Haben Sie jemals unter Trägheit gelitten? Egal, wie sehr die anderen Leute Sie anstupsen, egal, wie viel Mühsal Ihnen von der Welt aufgeladen wird – Sie bewegen sich einfach nicht von der Stelle. Nun, und so geht es auch Ihrem Kaffee: Eine Masse hat die Eigenschaft, an Ort und Stelle zu bleiben. Wenn Sie mit der Tasse in der Hand herumtanzen, muss die Tasse der Kraft nachgeben, die Sie auf sie ausüben, doch der Kaffee will da bleiben, wo er ist. In Ihrem Beispiel wird der Kaffee durch die Reibung mit dem Tassenrand zu einer minimalen Bewegung angetrieben. Da aber keinerlei Reibung zwischen Tasse und Milch besteht, bleibt der Milchtropfen genau da, wo er ist.

Beim **Kaffeekochen** habe ich festgestellt,
dass der **Wasserkessel** ganz **leise** wird,
kurz bevor das **Wasser kocht.**
Wie kommt das?

Wenn Wasser erhitzt wird, steigen die im Wasser gelösten Gase an die Oberfläche und erzeugen das leise Zischen, das einem verrät, dass etwas am Kochen ist. Nähert sich erhitztes Wasser seinem Siedepunkt, dann sind alle gelösten Gase entwichen und es brodelt nicht mehr – und das ist der Augenblick der Stille im Kessel. Genießen Sie den Frieden, solange er dauert, denn wenn das Wasser kocht, werden seine Konvektionsströme sehr unruhig und das Gebrodel im Kessel geht von vorn los.

Mir ist Folgendes aufgefallen:
Wenn ich eine Tasse **Kaffee** aus
der **Mikrowelle** nehme und
den **Kaffeelöffel** hineintauche,
fängt der Kaffee sofort an zu **brodeln.**
Ist das Zauberei?

Antwort: Ich würde es riskant nennen. Sie müssen bei diesem Manöver höllisch aufpassen, viele Menschen haben sich
schon ernstlich dabei verbrüht. Zunächst müssen Sie etwas
über die Funktionsweise von Mikrowellen wissen, dann werden Sie die Gefahr erkennen. Anders als beim herkömmlichen Erhitzen, zum Beispiel in einem Topf, dringen Mikrowellen nicht sehr tief in den zu erhitzenden Gegenstand
ein. Deshalb können manche Schichten Ihres Kaffees schon
über den Siedepunkt hinaus erhitzt sein, während andere
noch kalt sind. Wenn Sie nun einen Löffel in die Tasse hin-
eintauchen und umrühren, kann es passieren, dass die kalten
Schichten ad hoc zum Siedepunkt gebracht oder sogar noch
heißer werden, da sie plötzlich Kontakt mit den überhitzten
Schichten bekommen. Der Dampf, statt langsam zu entweichen wie beim herkömmlichen Erhitzen, explodiert aus dem
Kaffee heraus, und sollten Sie zufällig im Weg stehen, kriegen
Sie die brühheiße Suppe ab. Das kann wehtun.

Eine **Mikrowelle** bringt Wasser zum **Kochen,** indem sie **Wassermoleküle** in starke **Schwingungen** versetzt. Wenn ich das selbst tun will, indem ich zum Beispiel mit der Tasse auf den **Tisch hämmere** – und das lange genug –, fängt das Wasser dann auch an zu kochen?

Glauben Sie ernsthaft, die Leute bei Panasonic oder sonstige Hersteller von Mikrowellen hätten uns dieses Geheimnis all die langen Jahre verschwiegen? Eine Mikrowelle strahlt genau auf der richtigen Frequenz, um ein Wassermolekül in größtmögliche Schwingung zu versetzen, und dies führt zur Erhitzung des Wassers. Im Wasserkessel ist es die Übertragung von Energie aus der Heizspirale an die Wassermoleküle an der Oberfläche, die so vom flüssigen in den gasförmigen Zustand übergehen und als Dampf entweichen können. Die Tasse auf den Tisch zu schlagen überträgt auch Energie, aber hauptsächlich auf die Tasse, die sich *theoretisch* ein bisschen erwärmen wird. Dasselbe gilt *theoretisch* auch für den Kaffee, aber es könnte ein Weilchen dauern, bis es mit der Energieübertragung klappt. Wenn Sie also eine Tasse theoretischen Kaffee wünschen, können Sie gern ein Jahr oder zweitausend Jahre draufloshämmern. Mein Rat lautet: Setzen Sie lieber den Kessel auf.

Wenn ich **heiße Milch** zum Kaffee haben will, muss ich sie scharf im Auge behalten, sonst **steigt** sie über den **Topfrand** und verursacht eine widerliche **Sauerei**. Warum ist Milch so **umständlich** zu kochen?

Lassen Sie mich zunächst auf die guten Seiten der Milch verweisen: Sie enthält Vitamine und essentielle Fettsäuren, die für das Wachstum wichtig sind, sowie Proteine, die aus langen Molekülketten bestehen und Aminosäuren enthalten, die grundlegenden Bausteine der Körperzellen. Wenn Milch erhitzt wird, spalten sich diese Proteine auf und legen sich um die Luftblasen, die aus der Flüssigkeit entweichen wollen. Die Bläschen werden durch die Proteine gestoppt; deshalb entstehen die unzähligen Blasen in Ihrem Topf, die nirgendwohin entweichen können, es sei denn, sie quellen über den Rand und auf den Herd, den Sie gerade erst geputzt haben. Es liegt also an der Nahrhaftigkeit der Milch, dass sie so schwer zu kochen ist.

Aber auch die Oberflächenspannung spielt eine Rolle. Wasser besitzt eine sehr starke Oberflächenspannung: Stellen Sie sich eine Wasseroberfläche wie ein straff gespanntes Gummituch vor, das bestrebt ist, zu seiner ursprünglichen Form zurückzukehren, nachdem ein Luftbläschen hindurchgeschlüpft ist. Milch hingegen hat eine geringe Oberflächenspannung, und die Bläschen bleiben länger in der Flüssigkeit, als dies bei Wasser der Fall ist. Nehmen Sie die Luftblasen umschließende Eigenschaft der Milchproteine dazu, und Sie verstehen, warum die Luftblasen in Milch nicht kampflos aufgeben.

Übrigens, wenn Sie die Sache mit der Oberflächenspannung nachprüfen wollen: Fügen Sie ein wenig Spülmittel zum Wasser hinzu und bringen Sie es zum Kochen. Nun wird es genauso überkochen wie Milch.

Warum **knistern,** knallen und knacken
Rice Krispies, wenn ich Milch
darübergieße? Und warum **hören**
sie wieder **auf** zu knistern?

Es hat mit eingeschlossener Luft zu tun. Um das nachzu-
prüfen, nehmen Sie ein Krispie, das aus nichts weiter besteht
als Puffreis, und brechen es entzwei. Was ist drin? Hauptsächlich Luft. Wenn Sie Milch darübergießen, dringt sie in
das Krispie ein und verdrängt die Luft, und dadurch entsteht
das Geräusch. Ob es nun ein Knistern, Knallen oder Knacken
ist, hängt davon ab, wie schnell die Luft entweicht, oder davon, wie schnell die Milch eindringt. Je frischer das Krispie ist,
desto lauter knallt es meiner Erfahrung nach. Wenn aber die
gesamte Luft in den Krispies von der Milch verdrängt worden ist, ist die Show vorbei, und Sie können Ihr Frühstück in
Frieden genießen.

Warum schmelzen **Schokostückchen** in **Plätzchen** nicht beim **Backen?**

Weil es nicht die gleiche Schokolade ist wie in einer Tafel Schokolade. Diese Schokolade ist bearbeitet worden, *temperiert*, wie es in der Fachsprache heißt. Sie wird mehrmals erhitzt und abgekühlt, bis sie eine kristalline Struktur angenommen hat, die ihr mehr Stabilität verleiht. Außerdem bekommt sie dadurch eine glänzende, knusprige Oberfläche und kann nicht mehr so schnell schmelzen wie gewöhnliche Schokolade. Im Übrigen hält der Plätzchenteig die Schokoladestückchen fest, sodass sie nicht zerlaufen können.

Jedes Mal, wenn ich **Zwiebeln** schneide, kommen mir die **Tränen.** Warum muss ich dabei **heulen?**

Es liegt wieder mal an den Enzymen! Wenn Sie eine Zwiebel aufschneiden, werden Enzyme namens Alliinasen freigesetzt. Der typische Zwiebelgeruch kommt durch Schwefeloxide zustande, und diese werden beim Kontakt mit den freigesetzten Allinasen in Sulfensäuren umgewandelt, die ihrerseits sehr instabile Verbindungen sind und deshalb weiter zu Syn-Propanäthial-S-Oxid umgewandelt werden, das – wie Sie aus eigener Erfahrung wissen – ein überaus flüchtiges Gas ist. Dieses Gas trifft auf das Wasser Ihrer Augenoberfläche und wandelt sich wieder um, diesmal in eine milde Schwefelsäure. Das mögen die Nervenenden in der Hornhaut Ihres Auges natürlich gar nicht, folglich setzt der Augenschutzmechanismus ein und die Tränendrüse sondert Tränenflüssigkeit ab. Das ist in diesem Falle jedoch nicht unbedingt von Vorteil, weil mehr Augenflüssigkeit auf mehr flüchtiges Gas trifft, um

noch mehr Schwefelsäure zu produzieren, die Sie nun überhaupt nicht gebrauchen können.

Zur Vermeidung von Tränen könnte man Zwiebeln unter
laufendem Wasser schneiden. Ein anderer Vorschlag lautet,
eine Brotscheibe zwischen die Zähne zu nehmen – das soll
vor dem heulenden Elend schützen.

Was hält **Zuckerwürfel** zusammen?
Steckt ein **Klebstoff** dahinter?

Den braucht man gar nicht; zum Zusammenkleben reicht
normales Wasser. Bei der fabrikmäßigen Herstellung von
Zuckerwürfeln werden die winzigen Zuckerkristalle unter
kontrollierter Zugabe von Wasser zusammengepresst. Dieser kontrollierte Wassergehalt schmilzt die Oberflächen der
Kristalle leicht an, sodass eine sirupartige Lösung entsteht.
Würde zu viel Wasser zugegeben, würden sich die Kristalle
völlig auflösen. Stimmt jedoch der Feuchtigkeitspegel, kann
die Siruplösung zwischen den Kristallen zirkulieren und sie

unter Druck zusammenkleben. Man kann es vielleicht mit einer Backsteinmauer vergleichen, in der die »Backsteine« aus Zuckerkristallen von dem »Mörtel«-Sirup zusammengehalten werden. Selbst wenn sich der Sirup wieder verfestigt, hält die entstandene Zuckermasse die Kristalle zusammen.

Wenn man **Erdbeeren** in einer Schüssel
mit **Zucker bestreut, sammelt**
sich nach einer Weile **Erdbeersaft** am Boden
der Schüssel. Wo kommt der her?

Dazu müssen Sie etwas über Osmose wissen. Diese wird definiert als die Bewegung einer Lösung entlang eines Konzentrationsgefälles durch eine halb durchlässige Membran von einer dünneren in eine stärker konzentrierte Lösung. Und dies ist exakt das Szenario, das Sie in Ihrer Erdbeerschüssel geschaffen haben. Die halb durchlässige Membran ist die Zellmembran der Erdbeere. Die schwächere der beiden Zuckerlösungen ist diejenige in der Erdbeere, die stärkere die außerhalb der Frucht, die unseren zugefügten Zucker enthält. Das Wasser in der Erdbeere bewegt sich per Osmose in die stärker konzentrierte Lösung in der Schüssel, bis beide Lösungen die gleiche Konzentration haben.

Ich habe gelesen, dass **fetter Fisch**
eine ausgezeichnete **Gehirnnahrung** sei.
Stimmt das?

Möglich. Das Gehirn ist besonders reich an Docosahexaensäure (DHA), einer Fettsäure, die der Körper selbst bilden kann, jedoch nicht in großen Mengen. Die beste Quelle für

DHA ist die Nahrung. Man findet DHA in Fleisch und Eiern und in besonders hohen Konzentrationen auch in Fisch. Fettsäurereiche Fische wie Makrelen, Sardinen, Heringe und Thunfische enthalten sehr viel DHA, während Weißfische wie Kabeljau, Scholle und Seeteufel nur in ihrer Leber hohe DHA-Konzentrationen aufweisen.

Es ist belegt, dass DHA das Sehvermögen, die Durchblutung und das Hautbild verbessert, außerdem erleichtert sie die Beschwerden bei rheumatischer Arthritis. Es gibt auch Untersuchungen, nach denen DHA offenbar die Lernfähigkeit und die visuelle Wahrnehmung anregt. Ratten, die mit DHA-reichem Futter ernährt wurden, lernten rascher, aus einem Labyrinth zu entkommen, als ihre Artgenossen, die auf DHA verzichten mussten; Experimente an Primaten ergaben ähnliche Ergebnisse. Zusammenfassend gesagt: Essen Sie viel fettsäurereichen Fisch!

Wie funktioniert **Superkleber,** und warum **klebt** er nicht schon **in der Tube** fest?

Die Klebefähigkeit der meisten Klebstoffe beruht auf der Verdunstung eines Lösungsmittels, das den »klebrigen« Stoff enthält. Superkleber hingegen ist ein Cyanoacrylatharz, das zu seiner Aktivierung Wasserstoffionen benötigt. Weil in den Klebstofftuben kein Wasser enthalten ist, kann sich der Kleber in der Tube nicht festsetzen. Deshalb sind diese Tuben so fest verschlossen – damit keine Feuchtigkeit eindringen kann.

Diese **Tuben** sind **nie** richtig **voll.**
Werden wir für dumm verkauft?

Nein, man tut Ihnen einen Gefallen. Wasser aktiviert das Superkleberharz, aber Sauerstoff unterdrückt die Reaktion, und deshalb muss ein kleines bisschen Luft in der Tube sein. Superkleber braucht Wärme und Feuchtigkeit, um seine klebrige Arbeit zu verrichten. Deshalb haftet er auch so gern an Ihrer Haut. Sehen Sie sich vor!

Wieso haftet **Frischhaltefolie** so gut?
Was ist das für ein **Klebstoff?**

Es ist kein Klebstoff. Frischhaltefolie haftet mittels elektrostatischer Auflladung, die Sie aktivieren, wenn Sie die Folie von der Rolle ziehen. Dieses hoch aufgeladene Stück Plastik klebt an allem, was nicht aufgeladen ist und als Isolationsmaterial wirkt – deshalb scheint es immer am besten bei Plastikdosen zu funktionieren. Wenn Sie versuchen, die Folie um einen Metalltopf zu wickeln, klappt es nicht so gut, weil Metall die elektrische Auflladung zerstreut. Vielleicht haben Sie schon einmal ein Stück Frischhaltefolie von der Rolle abgewickelt und länger liegen gelassen, dann werden Sie festgestellt haben, dass es für eine spätere Verwendung unbrauchbar war. Es hatte seine elektrostatische Auflladung verloren.

Ich nehme an, dass sowohl **Füllfeder-halter** als auch **Druckertinte** Klebstoff enthalten müssen. Wie könnte die Tinte sonst am Papier **haften?**

Bis zu einem gewissen Grad stimmt das auch. Tinte und Farbe enthalten Pigmente aus chemischen Verbindungen, die sich nicht in Wasser oder öligen Flüssigkeiten lösen. Eines der häufigsten, natürlich vorkommenden Pigmente ist Titandioxid: ein weißes Zeug, das für alles Mögliche benutzt wird, von Emulsionsfarbe bis hin zu Konditoreierzeugnissen.

Schreibtinte ist eine sehr simple Mixtur aus feinstgemahlenen Pigmenten, einem Suspensionswirkstoff und einer Art Klebstoff, der die Pigmente an das Papier heftet. Beim Schreiben werden Pigment und Suspensionswirkstoff in die Papierfasern gesogen, und wenn das Papier nicht zu saugfähig ist (wie zum Beispiel Löschpapier), dann bleibt die Tinte ziemlich genau dort, wo Sie sie hingesetzt haben. Danach verdunstet der Suspensionswirkstoff, und das Pigment haftet in und auf dem Papier.

Wenn **Wasser** aus **Wasserstoff** und **Sauerstoff** besteht, wie kann es dann **Feuer löschen?** Sollte es stattdessen nicht verbrennen?

Die schnelle Antwort lautet, dass es bereits »verbrannt« ist. Verbrennungsprozesse entstehen, wenn eine Substanz sich mit Sauerstoff verbindet. Im Falle des Wassers hat sich bereits der Wasserstoff mit dem Sauerstoff verbunden, folglich hat die »Verbrennung« bereits stattgefunden. Man könnte sagen, das Wasser ist die »Asche«, die nach dem Feuer übrig geblieben ist.

Es stimmt schon, dass Wasserstoff brennbar ist, aber Sauerstoff ist es *nicht*. Wenn Sie ein Streichholz an einen Sauerstoffstrom halten, verbrennt es schneller, der Sauerstoff selbst brennt jedoch nicht.

Ich weiß, dass man das **NIEMALS** tun soll, aber wenn man versucht, eine **Pfanne** mit **brennendem Öl** mit **Wasser** zu **löschen,** scheint es eine Art **Explosion** zu geben. Was passiert da?

Erstens erinnern Sie sich bitte daran, dass Fett auf Wasser schwimmt und dass es viel heißer werden kann als 100 °C, dem Siedepunkt von Wasser. Also – das Fett fängt an zu brennen, und Sie schütten Wasser darauf. Das Wasser versucht zu sinken, aber es trifft auf das heiße Fett und beginnt sofort zu kochen. Die Wasserdampfblasen steigen rasch durch das heiße Fett auf und spritzen aus der Pfanne, bewehrt mit heißen öligen Tröpfchen. Sollten diese auch noch Feuer fangen, wird es richtig brenzlig.

Brennendes Fett in der Pfanne mit Wasser zu löschen ist eines der gefährlichsten Abenteuer in der Küche. Legen Sie lieber ein feuchtes Tuch über die Pfanne, um die Sauerstoffzufuhr abzuschneiden. Dann wird das Feuer schnell verlöschen.

Wir **trocknen** unsere **Wäsche**
in der Wohnung. Ich habe mich
schon oft gefragt, wie das geht,
weil es in der **Wohnung** ja **nie
so heiß** ist, dass das Wasser
kocht und **verdampft.**

Auch wenn die Temperatur der Wäsche nie bis zum Siedepunkt ansteigt, entweicht das Wasser aus den Stofffasern in
die umgebende Luft. Jedes einzelne Wassermolekül in den
Kleidern wird von den anderen Wassermolekülen angezogen und auch von den Molekülen, aus denen die Kleider
bestehen. Das Wassermolekül befindet sich also in einer
»haftenden« Umgebung; das bedeutet, es fällt ihm schwer, in
die umgebende Luft zu entweichen. Es besitzt jedoch noch
genug Energie, um sich zu bewegen und seine Position mit
anderen Wassermolekülen zu tauschen.

Hitze kann man auch als Energie der einzelnen Moleküle
verstehen: Je mehr Hitze vorhanden ist, desto größer ist die
Menge der Energie der Moleküle und desto leichter können
sie sich aus einer haftenden Umgebung lösen. Bei einer Zimmertemperatur von 20 °C besitzen einige der Wassermoleküle genug Energie, um der Bindung an andere Wassermoleküle zu entrinnen und vollständig in die Luft zu entweichen.
Dieser Prozess setzt sich fort, sodass immer weniger Wasser
an der Kleidung haften bleibt, bis diese schließlich vollkom-
men trocken ist.

Bei über 20 °C werden noch mehr Moleküle zur Verdunstung angeregt, und die Wäsche wird noch schneller trocken.
Einige Wassermoleküle, die von der Oberfläche der Textilien
entwichen sind, mögen allerdings wieder zurückfallen und
eingefangen werden; deshalb beschleunigt man den Vorgang,
wenn man die Wäsche an windigen Tagen draußen aufhängt.

Wind bläst die Wassermoleküle fort, die der Textiloberfläche entkommen sind, und sie können nicht mehr eingefangen werden.

> Mir ist ein Malheur passiert
> mit einem **Wollpullover**,
> den ich zu heiß gewaschen habe.
> Jetzt ist er **eingelaufen!**
> Wieso ist das passiert?

Weil Wolle aus schuppigen Fasern besteht. Wenn Sie einen Wollfaden unter ein starkes Mikroskop legen, werden Sie erkennen, dass seine Oberfläche aussieht wie ineinandergeschobene Styroporbecher. Unter normalen Bedingungen verschieben sich diese rauen Oberflächen nicht, aber wenn sie in warmes Wasser getaucht werden, schieben sich die Schuppen auf den Fasern weiter übereinander. Und wenn die Wolle trocknet, können sie nicht mehr zurück – der Pullover ist eingelaufen und die Wolle verfilzt.

Wolle ist schon ein besonderes Material. Ihre Außenseite ist wasserabweisend (hydrophob), die Innenseite der Wollfaser jedoch hohl und wasseranziehend (hydrophil). Wenn man einen Wollpullover in Wasser taucht, stößt er es so lange ab, bis ein gewisser Sättigungsgrad erreicht ist; dann gibt das Material nach und saugt ein Vielfaches seines Eigengewichts an Wasser auf. Erhitzt man nun das aufgesogene Wasser, werden die Fasern elastisch und rutschen übereinander. An diesem Punkt beginnt das Einlaufen des Pullovers, das nicht mehr rückgängig gemacht werden kann. Wenn ein Pullover einmal eingelaufen ist, müssen Sie damit leben.

Wie viele **Schafe** braucht man, um **Wolle** für **einen Pullover** zu bekommen?

Gehen wir von einem durchschnittlichen Pullover mit einem Gewicht von 250 Gramm aus und einer durchschnittlichen Wollmenge von fünf Kilogramm pro Schaf (wovon allerdings nur 65 Prozent nutzbar sind, der Rest ist zu schmutzig). Die Wolle eines Schafes würde demnach für vierzehn Pullover reichen.

Warum funktioniert ein **Bügeleisen** besser, wenn es **heiß** ist, und warum ist ein **Dampfbügeleisen** noch **besser?**

Bügeln ist nichts weiter als der Versuch, sämtliche Fasern des Gewebes zu glätten, auf dass sie hübsch liegen bleiben, und Hitze erleichtert den Prozess des Glättens (obwohl zu viel Hitze natürlich die Fasern verbrennt). Feuchtigkeit hilft, die Fasern weich zu machen, und dafür ist der Wasserdampf gut. Für beste Ergebnisse sollte man jedoch die Wäsche frisch aus der Waschmaschine bügeln, wenn sie noch leicht feucht ist.

Ein Hemd ist am einfachsten zu bügeln, wenn man es leicht anfeuchtet und für einige Minuten zusammenrollt. Das macht die Fasern weich und lässt das Bügeleisen leichter darübergleiten. Außerdem sollten Sie es von »links« bügeln, und zwar aus zwei Gründen. Erstens: Sollte Schmutz von der Plättfläche des Bügeleisens auf die Kleidung geraten, so wird man ihn auf der Innenseite nicht sehen. Zweitens: Beim Bügeln von innen »drückt« man den Stoff »vom Körper weg«, sodass das Kleidungsstück besser fällt.

Wenn ich meine **Hände** mit **Seifen-
wasser** gewaschen habe und sie
an einem **Handtuch abtrockne,**
wovon ist dann das Handtuch feucht,
von der **Seife** oder vom **Wasser?**

Seifenblasen sind eine Mischung aus Wasser- und Seifenmolekülen. Wassermoleküle bestehen aus zwei Wasserstoffatomen und einem Sauerstoffatom. In Wasser bestehen
Kräfte zwischen diesen Molekülen, die so genannten Was-
serstoffbindungen. Durch diese starken Bindungen werden
Wassermoleküle zusammengehalten und bleiben in flüs-
sigem Zustand, solange die Temperatur nicht den Siedepunkt
des Wassers übersteigt.

Mit Seifenmolekülen verhält es sich ganz anders. Sie bestehen hauptsächlich aus langen Ketten mit zwei Enden. Ein
Ende ist das »polare« Ende, das bedeutet, dass es elektrisch
aufgeladen ist. Aufgeladene Moleküle reagieren mit Wassermolekülen und lösen sich deshalb sehr leicht auf. Der Rest
des Seifenmoleküls ist ein langer »Schwanz«, der keine elektrische Ladung besitzt. Nichtpolare Moleküle sind schwer
wasserlöslich – ein gutes Beispiel dafür ist Öl.

Das eine Ende des Seifenmoleküls »mag« also das Wasser, das andere nicht. Wenn Sie Seife in Wasser geben, bleiben die Seifenmoleküle am liebsten an der Oberfläche und
richten ihre nichtpolaren Enden in die Luft, damit sie nicht
mit dem Wasser in Berührung kommen.

Nun zu den Blasen. Die nichtpolaren Enden der Seifenmoleküle »mögen« Luft, streben also von der Außenfläche
der Seifenblase fort. Die polaren Enden hingegen bleiben in
innigem Kontakt mit ihren geliebten Wassermolekülen. Und
auf der Innenseite der Seifenblase finden sich wieder nichtpolare Enden, die sich zur Mitte der Seifenblase richten (wo

Luft ist). So bilden die nichtpolaren Enden der Seifenmoleküle die Außen- und Innen»schale« der Blase, und dazwischen lagern sich die polaren Enden an eine einzige Schicht Wassermoleküle an.

Seifenblasen bestehen also aus Wasser- und Seifenmolekülen, und wenn Sie diese in ein Handtuch reiben, haben Sie von beiden ungefähr die gleiche Menge.

Werden meine **Hände**, wenn ich sie **nur** mit **Wasser** wasche, **schneller trocken,** als wenn ich zusätzlich **Seife** benutze?

Wenn Sie Ihre Hände nicht abspülen, bevor Sie sie unter den Trockner halten, werden sie zum Trocknen vermutlich länger brauchen. Das liegt daran, dass das Handwaschmittel sich über den Wasserfilm auf Ihrer Haut legt und eine Schutzschicht bildet. Diese hindert das Wasser daran, rasch zu verdunsten. Das ist einer der Gründe, warum Blasen, die rein aus Wasser ohne Seife bestehen, nicht sehr haltbar sind; das Wasser verdunstet einfach zu schnell. Außerdem hat reines Wasser eine höhere Oberflächenspannung als ein Wasser-Seife-Gemisch, wodurch die Tröpfchenbildung vermindert wird.

Wir haben im Haushalt alle möglichen **bunten Seifen,** aber der Schaum ist immer **weiß.** Warum nehmen die Bläschen nicht die **Farbe** der Seife an?

Was Sie sehen, hat nicht viel mit der Farbe der Seife zu tun. Der Farbeffekt wird von Reflexion und Diffraktion des Lichts durch den dünnen Wasserfilm bestimmt, der zwischen zwei Schichten Seife eingebettet ist. Somit erhalten diese sämtliche Regenbogenfarben, die Sie oft an der Oberfläche von Seifenbläschen kreisen sehen können – und auch ein wenig reflektiertes weißes Licht.

Woraus besteht **Haargel?** Man drückt es aus der Tube, und es ist **flüssig.** Man schmiert es in die **Haare,** und es wird **fest.** Welche physikalische **Veränderung** geht da vor?

Die Veränderung ist nicht so besonders, wie Sie vielleicht denken! Wenn Sie sich die Zeit nehmen, einmal die Liste der Inhaltsstoffe auf der Tube zu lesen, werden Sie feststellen, dass der Hauptbestandteil von Haargel Wasser ist. Wenn das Wasser verdunstet, bleiben die anderen Inhaltsstoffe übrig, die ich hier einmal aufliste, weil ich vermute, dass Sie nie darauf kommen würden, was Sie sich jeden Tag in die Haare schmieren. Da haben wir Polyvinylpyrrolidon, ein Harz, das dafür sorgt, dass jedes Härchen an seinem Platz bleibt; ferner einen Gelwirkstoff, der das Wasser verdickt und es zu einem Gel macht; außerdem einen Stoff, der es dem fettlöslichen Parfümstoff möglich macht, sich in Wasser zu lösen. Darüber hinaus sind Konservierungsstoffe und neutralisierende Wirkstoffe enthalten, die das Gel durchsichtig machen. Doch es ist nur das Harz, das dem Haar die Standfestigkeit verleiht.

Es wäre toll, wenn es **»2 in 1«**,
Shampoo und Haargel in **einem Produkt,**
gäbe. Wäre das überhaupt machbar,
da beide eine so **unterschiedliche
Wirkung** haben?

Ja, schon, allerdings liegt den Herstellern vermutlich mehr daran, dass Sie beide Produkte kaufen, was vielleicht der Grund ist, warum Sie so ein Produkt nicht in den Drogeriemärkten finden. Immerhin gibt es ja Shampoo und Conditioner in einem, und eine Shampoo-Gel-Mischung könnte auf die gleiche Weise funktionieren. In der Shampoo-Haarspülung-Mischung enthält das Shampoo Tenside, die die Oberflächenspannung von Flüssigkeiten – in diesem Fall Wasser – erheblich herabsetzen und damit die Schaumbildung erleichtern. Während wir noch dabei sind, unser Haar einzuschäumen, warten die Wirkstoffe der Spülung in der Schaumsuspension auf ihren Einsatz und bleiben im Haar, nachdem wir das Tensid des Shampoos ausgespült haben. Es wäre gut möglich, dass dies mit Gel noch besser funktioniert als mit einer Haarspülung.

Manche **Ziegelsteine,** die für den Bau
unseres **Hauses** verwendet wurden,
waren an der einen Seite **hohl,**
an der anderen aber **geschlossen.**
Wofür ist das gut?

Beim Bau einer Mauer sollten solche Hohl- oder Lochzie-
gel immer mit der offenen Seite nach oben liegen. Das hat
gewisse Vorteile: Das Gesamtgewicht der Mauer wird verringert, denn man braucht weniger Stein, und der Hohlzie-
gel sorgt für Stabilität, weil der Mörtel in den Stein einge-
füllt wird, statt nur obenauf zu liegen. Überdies ist es wichtig,
nicht zwei »hohle« Seiten aufeinanderzulegen, sonst würde
man zu viel Mörtel verbrauchen, und die Steine wären nicht
fest verbunden, sondern hätten an ihrer Auflagefläche eine
Schwachstelle.

Die hohle Seite nach oben zu legen, sichert dem Bau-
werk eine gleichmäßige Lastenverteilung. Man legt den Stein,
gibt eine Lage Mörtel darauf, die ihn komplett ausfüllt, dann
kommt der nächste Stein. Wenn die hohle Seite nach unten
läge, könnte man nicht sicher sein, ob der Stein ganz gefüllt
ist – es könnten Luftlöcher entstehen, und die Gewichtsver-
teilung im Ziegelstein wäre nicht ausgeglichen.

Mir ist aufgefallen, wie die **Funken** fliegen,
wenn mein Polier mit **Hammer** und
Meißel draufloshämmert. Handelt es sich
hierbei um **elektrische Aufladung?**

Leider sind es Teile seines Meißels, die verloren gehen, und
was Sie sehen, sind geschmolzene Metallteilchen, die durch
die Luft fliegen. Die Reibung durch den Hammerschlag er-

hitzt das Metall so sehr, dass es schmilzt – was Sie sehen, ist der Funke. Tatsächlich brennt das Metall, denn durch die Verbindung mit dem Luftsauerstoff entsteht Eisenoxid.

Und wie funktionieren
Wunderkerzen?

Wieder mittels heißer Sauerstoffteilchen. Eine Wunderkerze ist mit einer Mischung aus Aluminium und Bariumnitrat bedeckt, die winzige Eisenspäne enthält. Beim Anzünden entstehen hohe Temperaturen, und die Eisenspäne verbrennen (wobei Eisenoxid entsteht) und fliegen in alle Richtungen. Da sie so klein sind, spürt man nur ein leichtes Kitzeln und erleidet keine Verbrennungen.

Warum sind **Wunderkerzen** so harmlos, während **Feuerwerksraketen** hoch **in die Luft** schießen können und **Feuerräder** gefährlich **kreiseln?**

Feuerwerkskörper sind wie Mini-Weltraumraketen und funktionieren auch auf die gleiche Weise: Sie verbrennen eine Menge Treibstoff – üblicherweise Schießpulver – in einem begrenzten Raum, und die kontrollierte Explosion erfolgt aus dem Boden des Körpers. Schießpulver ist eine Mischung aus Kaliumnitrat, Kohle und Schwefel.

Manche Feuerwerkskörper werden abgefeuert wie Kugeln aus einer Pistole, und zwar aus einem so genannten Mörser; wenn sie hoch genug geflogen sind, explodieren sie in vielfältigen Farben. Die Farbexplosion entsteht in der Hülse des Feuerwerkskörpers, die »Sterne« oder kleine Kugeln voller Chemikalien enthält. Ein leuchtend weißes Feuerwerk enthält wahrscheinlich Sterne aus Magnesium, während ein rotes Strontium als Inhaltsstoff hat. Auch die Hülse enthält eine »Ladung«, die sich in der Mitte der Sterne befindet und dafür sorgt, dass die bunt leuchtenden Sterne am Himmel in alle Richtungen geschleudert werden.

Ein Feuerrad ist ein Feuerwerkskörper, der nicht vom Boden abheben kann, weil er in der Mitte befestigt ist. Stellen Sie sich ein Jetflugzeug vor, das mit einem langen, starken Seil an der Spitze des Eiffelturms befestigt ist. Wenn es versucht, in eine Richtung zu fliegen, kommt es nicht sehr weit, denn das Seil (das natürlich unzerreißbar sein muss) hält es fest. Es kann die Energie seiner Motoren nur ausnutzen, indem es am Ende des Seils immer wieder den Eiffelturm umkreist. Feuerräder rotieren auf die gleiche Weise.

Die Chemie von Feuerwerkskörpern ist komplizierter, als es auf den ersten Blick aussieht. Die Farben eines Feuerwerks können entweder durch Weißglühen (Licht wird durch Hitze produziert) erzeugt werden. Dieses ist temperaturabhängig, so ist rote Hitze kühler als weiße Hitze. Oder sie entstehen durch Lumineszenz, d. h. wenn Energie vom Elektron eines Atoms absorbiert und das Atom instabil wird. Wenn das Elektron seine überschüssige Energie abwirft, stößt es ein Lichtphoton aus, und die Energie des Photons bestimmt die Farbe des Lichts, das Sie sehen:

Rot	Strontiumsalze, Lithiumkarbonat
Orange	Kalziumsalze
Gold	Heißes Eisen oder Kohle
Gelb	Natrium
Hellweiß	Heißes Magnesium oder Aluminium
Grün	Barium
Blau	Kupfer

Tiefrot	Mischungen aus Strontium und Kupfer
Silber	Brennendes Aluminium, Titan oder Magnesiumpulver

> Warum gibt es eigentlich **farbige Diamanten?** Ich dachte immer, Diamanten wären **Kristalle** aus **Kohlenstoff** und weiter nichts. Aber manche haben eine leichte **Tönung.** Woher kommt die?

Diamanten sind kristalline Kohlenstoffstrukturen, und für eine Tönung kommen unterschiedliche Gründe in Frage. Zum einen können in einem Diamanten Spuren anderer chemischer Substanzen eingeschlossen sein – zum Beispiel Stickstoff, der ihm eine gelbe Tönung verleiht, oder Bor, das eine blaue Tönung hervorruft. Wenn jedoch die Gitterstruktur des Kristalls auf irgendeine Weise deformiert ist, können auch Farben entstehen, die nicht auf »Unreinheiten« zurückzuführen sind. So entstehen braune, rosafarbene und rote Diamanten, die allesamt sehr selten sind.

> Wenn **Diamanten** aus nichts anderem bestehen als **Kristallen,** wie zum Beispiel auch **Kochsalz** (Natriumchlorid), warum ist ein Diamant dann **hart** und **Salz weich?**

Es liegt ausschließlich an den Bindungen zwischen den Atomen und den Molekülen. Wir müssen hier zwischen kovalenter Bindung und Ionenbindung unterscheiden. In der Gitterstruktur des Diamantkristalls ist jedes einzelne Kohlenstoffatom durch kovalente Bindungen mit vier anderen Atomen verbunden, die sich jeweils ihre Elektronenpaare teilen. Das ist eine überaus starke Bindung, stärker geht es nicht.

Salz hingegen besteht aus Natrium- und Chlorionen; die Natriumionen sind positiv, die Chlorionen negativ geladen. Deshalb werden sie voneinander angezogen und von elektrostatischen Kräften, den Ionenbindungen, zusammengehalten. Bei Ionenbindungen gibt ein Ion ein Elektron an das nächste Ion weiter, und diese Bindungen sind nicht so stark wie kovalente Bindungen. Die Diamanten bleiben also die Gewinner im Stärketest.

Gibt es irgendwas, das **härter** ist als ein **Diamant?**

Diamanten sind immer noch die härteste Substanz, die der Wissenschaft bekannt ist. Allerdings gibt eine Gruppe amerikanischer Forscher an, einen Stoff entwickelt zu haben, der Kristalle aus Kohlenstoffnitrid enthält. Diese Substanz, so vermuten Wissenschaftler, könnte sich als noch härter erweisen als Diamant.

In den achtziger Jahren begann man ernsthaft mit der Suche nach superharten Substanzen, denn ein amerikanischer Wissenschaftler hatte die Gleichung gefunden, mit der man die Härte eines Stoffes berechnen konnte. Diese Gleichung zeigte, dass Beta-Kohlenstoffnitrid ein klein wenig härter sein sollte als andere Substanzen.

Nichtkristallines Kohlenstoffnitrid, eine blau-graue Substanz, lässt sich leicht im Labor herstellen, doch daraus superharte Kristalle zu gewinnen, erwies sich als Problem. Die

Forscher versuchten, bei Zimmertemperatur dünne Schichten von Kohlenstoffnitrid und Titannitrid aufeinanderzulegen; das Verfahren dafür heißt »reaktiver DC-Magnetron-Sputterprozess«: Gasmoleküle werden auf einen Gegenstand geschossen; sie sprengen Atome aus der Oberfläche des Gegenstandes, gehen mit ihnen eine chemische Verbindung ein, prallen ab und lagern sich an einer nahe gelegenen Oberfläche an. Das Team entschied sich dafür, Stickstoffmoleküle auf ein Ziel abzuschießen, das halb mit Kohlenstoff und halb mit Titan beschichtet war und sich drehte. Aufgrund der Drehung trafen die Stickstoffmoleküle abwechselnd auf beide Materialien und lagerten sich auf einer Fläche neben dem Zielgegenstand als abwechselnde Schichten von Titannitrid und Kohlenstoffnitrid an. Titannitrid und nichtkristallines Kohlenstoffnitrid sind harte Substanzen, das Material jedoch, das aus der Verbindung beider geschaffen wurde, war doppelt so hart. Leider aber immer noch nicht so hart wie ein Diamant.

Wie dem auch sei: Die Suche dauert an, denn etwas Härteres (und Billigeres) als Diamanten wäre für viele Arbeiten von Nutzen. Superharte Materialien könnten dazu benutzt werden, Stahl zu schneiden, was ein Diamant nicht kann, denn er beginnt zu glühen, wenn er heiß wird. Es ist auch nicht möglich, Metalle mit einer dünnen Diamantschicht zu überziehen. Gelänge es jedoch, Maschinenteile wie Hebel und Lager mit Beta-Kohlenstoffnitrid zu beschichten, würde sich deren Haltbarkeit deutlich verlängern, und sie könnten in Geräten eingesetzt werden, für die Schmierflüssigkeiten ungeeignet sind. Eine dünne Schicht Beta-Kohlenstoffnitrid würde auch die Oberfläche von CDs robuster machen.

Wenn also **Diamanten** doch
das **härteste Material** sind,
das wir kennen, **wieso** können
wir sie dann **schneiden**
und **schleifen?**

Weil Diamanten, ob Sie es glauben oder nicht, wie Holz eine »Maserung« besitzen, und wenn sie entlang dieser Maserung gespalten werden, brechen sie sauber entzwei. Wenn Sie einen Diamanten entlang der Maserung schneiden wollen, können Sie eine »Axt« benutzen, eine scharfe Metallklinge, auf die (vorsichtig) mit einem Hammer geschlagen wird. Wenn Sie quer durch die Maserung schneiden wollen, nehmen Sie eine Säge, bestehend aus einer papierdünnen Scheibe Phosphorbronze, die mit Diamantstaub beschichtet ist und mit einer Geschwindigkeit von bis zu zehntausend Umdrehungen pro Minute rotiert. Während des Sägevorgangs lagert sich mehr Diamantstaub an der Säge an und sorgt dafür, dass deren Schärfe erhalten bleibt. Doch selbst mit diesem Werkzeug kann die Zerlegung eines größeren Diamanten bis zu zwei Wochen dauern.

Eine **Glasscherbe** könnte man
doch auf die **gleiche Weise** schleifen –
warum **glitzert** sie dann **nicht** wie
ein **Diamant?**

Diamanten besitzen einen viel höheren Lichtbrechungsindex als Glas. Selbst wenn man eine Scherbe in genau der gleichen Weise schliffe, würde der Diamant stärker glitzern, weil er das Licht viel besser in seine Farben zu zerlegen vermag als Glas.

Das Geheimnis der Schönheit eines Diamanten liegt in der Art, wie er das Licht reflektiert, und der Diamantschleifer muss den Stein so formen, dass Licht von oben hineinfallen kann, zwischen den Facetten im Stein hin und her springt und wieder an der Oberseite herauskommt. Auf diese Weise wird die größtmögliche Lichtmenge reflektiert, und der Diamant glitzert.

Zu Beginn des 20. Jahrhunderts war die Kunst des Diamantschleifens so verfeinert worden, dass man eine präzise mathematische Formel dafür entwickeln konnte. Darin wurde bestimmt, dass die meisten Diamanten mit 58 Facetten geschliffen werden sollten, wobei jede in einem präzisen Winkel zur nächsten zu stehen habe.

Übrigens ist der »Schliff« eines Diamanten nicht dasselbe wie seine Form. Die Form wird durch persönliche Vorlieben bestimmt und hat keinerlei Einfluss auf den Wert, der Schliff hingegen schon. Ein guter Schliff erzeugt höchste Lichtstreuung und damit das beste Glitzern. Dies erfordert höchste Sorgfalt beim Schliff mit dem Ergebnis, dass das Licht von einer Facette zur anderen weitergeleitet wird und so durch den ganzen Stein streut. Wenn Licht auf seinem Weg durch den Diamanten »ausbricht«, büßt der Stein viel von seinem Glitzern ein.

Kohle besteht aus **Kohlenstoff**
und ein **Diamant** ebenfalls.
Sind Diamanten und Kohle also
dasselbe?

Es ist ein weit verbreitetes Märchen, dass Diamanten und Kohle eng verwandt sind, abgesehen von der Tatsache, dass Kohle ein kohlenstoffreiches Mineral ist und Diamanten auch aus Kohlenstoff bestehen. Weiter geht die Verwandtschaft jedoch nicht.

Diamanten entstehen unter sehr hohem Druck in der Magmaschicht der Erde, tief unter der Erdkruste; der bekannteste Fundort liegt in Südafrika, wo vor Urzeiten Magma aus dem Erdinneren durch röhrenförmige Schlote »entwich«, die vom Kern eines Vulkans aufstiegen. Jahrhundertelang wurde dieses Magma ungeheurem Druck ausgesetzt, weil sich Schicht um Schicht darüber anlagerte. Und letztlich presste dieser Druck das Magma zu sehr harten und sehr wertvollen Rohdiamanten zusammen.

Kohle hingegen ist die gebräuchliche Bezeichnung für feste, aber spröde kohlenstoffhaltige Brocken, die aus den Überresten verfaulender Bäume, Blätter und sonstiger Vegetation bestehen. Kohle lagerte vor langer Zeit als Torf an der Erdoberfläche, wurde dann jedoch von anderen Schichten begraben, und mit steigender Temperatur in der Tiefe setzten physikalische und chemische Reaktionen ein, deren Ergebnis unsere heutige Kohle ist.

Es stimmt also insoweit, als Kohle und Diamanten beide Kohlenstoff enthalten und unter sehr hohem Druck entstanden sind, aber es sind völlig unterschiedliche Substanzen. Es stimmt auch, dass Kohle ein viel zu unreiner Kohlenstoff ist, um einen perfekten Diamanten zu ergeben; auch durch immensen Druck könnte sie nicht zu einem Diamanten werden.

Kohle ist **brennbar.**
Kann man von **Diamanten** dasselbe annehmen?

Man kann einen Diamanten zum Brennen bringen, wenn man die nötige Hitze erzeugt. Kohle entzündet sich bei 400 °C, aber ein Diamant ist erst bei über 800 °C so weit.

Der Grund dafür ist die sehr unterschiedliche Bindung der Kohlenstoffatome. Kohle besteht aus den Resten fossiler Pflanzen, und ihre Kohlenstoffatome hängen ohne geregelte Struktur zusammen. Stellen Sie sich die Atome wie einen Haufen Legosteine vor, die Sie eben aus der Kiste gekippt haben: Sie können sie umherschieben und problemlos mit anderen Steinen zusammensetzen.

Nächster Versuch: Bauen Sie die Steine so zusammen, dass jeder einzelne mit vier anderen Steinen verbunden ist. Je mehr Steine Sie hinzufügen, desto stärker wird das Gitter, und Sie müssen schon Kraft einsetzen, um es wieder auseinanderzubekommen. Hier haben Sie also den »Lego-Diamanten«. In einem echten Diamanten sind die Legosteine die Kohlenstoffatome, aber die Struktur ist dieselbe. Weil die Kohlenstoffatome im Diamanten eine regelmäßige Struktur bilden, ist er so hart – man kann die Atome nicht nach Belieben umherschubsen.

Wenn eine Substanz brennt, müssen ihre Atome voneinander getrennt werden, und beim Diamanten braucht man dafür sehr viel mehr Energie als bei dem regellosen Atomhaufen der Kohle. Deshalb müssen Sie den Diamanten doppelt so stark erhitzen wie die Kohle.

Mir kommt es immer so vor, als ob meine
Stimme im Bad tiefer und **voller klingt,**
was natürlich auch den **Gesang** verbessert.
Wie kommt das?

Ein Mensch, der vor dem Badezimmer steht und Ihrem Gesang lauscht, könnte anderer Meinung sein! Das Badezimmer hingegen ist gut zu Ihnen. Bäder unterscheiden sich von den meisten anderen Räumen dadurch, dass sie voll harter, reflektierender Oberflächen sind. Denken Sie nur an die Kachelwände, die Keramikwaschbecken und -badewannen, an die Böden ohne Teppiche – hervorragende Oberflächen für die Wiedergabe hoher Frequenzen. In einem normalen Zimmer mit vielen weichen Materialien werden die hochfrequenten Töne – aus denen Gesang hauptsächlich besteht – absorbiert, die tieferen Frequenzen hingegen nicht. Ein Beispiel: Die Bassgitarre auf dem CD-Player Ihres Nachbarn ist besser zu hören als die Becken des Schlagzeugs. Wenn Sie also im Bad singen, hören Sie hauptsächlich die hohen Frequenzen, was in Ihrem Wohnzimmer nicht der Fall wäre.

Außerdem müssen Sie die Resonanz bedenken. Jeder Gegenstand besitzt eine bestimmte Frequenz, auf der er »gern« schwingt. Aufs Bad bezogen bedeutet das, dass manche Frequenzen lauter scheinen als andere, weil sie mit der Resonanz der Wände und anderer Oberflächen übereinstimmen. Wenn diese Lautwiedergabe musikalisch befriedigend ist, wird Ihnen Ihr Gesang vermutlich gefallen, und Sie werden anfangen, sich für ein begnadetes Talent zu halten.

8. Kennen Sie das Gefühl?

Currygerichte, Brausepulver und die Liebe

Curry kann manchmal richtig ätzend sein.
Welche **Chemikalie** erzeugt dieses **Brennen?**
Und da es brennt **wie Feuer,**
kann man es mit **Wasser löschen?**

Die chemische Komponente, die Pfefferschoten scharf macht, ist das Alkaloid Kapsaicin – eine von fünf Komponenten, die sich sehr unterschiedlich im Mund auswirken. Drei rufen »kurze beißende Empfindungen« tief in Gaumen und Rachen hervor, die anderen beiden bewirken ein »lang anhaltendes, weniger heftiges Stechen« auf der Zunge und dem mittleren Gaumen. Wie viel Brennen verschiedene Pfefferarten auslösen, hängt von der Verteilungsmenge dieser Inhaltsstoffe ab. Kapsaicin wirkt immer irritierend und kann Haut »verbrennen«, die ohnehin verletzt oder abgeschürft ist. Der Körper wehrt sich gegen Kapsaicin mit Schmerzempfinden, Tränen und laufender Nase.

Sollen Sie Wasser trinken, um Ihren Mund nach Einnahme eines richtig scharfen Currygerichts abzukühlen? Nein, denn Kapsaicin ist fettlöslich, und Wasser zu trinken wird das Brennen nicht beheben. Versuchen Sie es mit Milch oder Jogurt: Beide enthalten Fette, in denen sich Kapsaicin löst und verdaut werden kann. Warum sonst, glauben Sie, setzen die netten Restaurantbesitzer diese leckere Jogurtsauce *Raita* auf die Speisekarte?

Wodurch kommt das **Sprudeln** von **Brausepulver** zustande? Ich liebe dieses **Prickeln.**

Werden Sie es noch genauso lieben, wenn ich Ihnen sage, dass es auf einer Art Schmerz beruht, der durch Enzyme hervorgerufen wird? Wenn Brausepulver sich im Mund auflöst und zu kleinen, kitzelnden Bläschen explodiert, passiert das Gleiche wie bei einem kohlensäurehaltigen Getränk: Im Mund oder auf der Zunge bildet sich eine milde Säure, weil im Speichel ein Enzym für die Herstellung schwach kohlenstoffhaltiger Säuren vorhanden ist. Die Säuren im Brausepulver – Zitronensäure und Weinsäure – funktionieren genauso. Brausepulverliebhaber haben das Zeug zu ernsthaften Masochisten: Wir werden sie von nun an Säure-Nuckler nennen.

Manchmal, wenn ich kräftig
auf ein **Pfefferminzdragee** beiße,
kriege ich einen **leichten Schlag.**
Was ist denn das?

Tatsächlich gibt es in Pfefferminzdragees zwei spannungser-
zeugende Quellen: Die eine stammt von den Zuckermole-
külen, die andere von dem wintergrünen Pfefferminzgeschmack, einem Molekül namens Methylsalicylat.

Wenn Sie auf ein Pfefferminz beißen und Ihre Zähne die
Zuckermoleküle zerbrechen, werden positive und negative
Ladungen getrennt. Wenn die Spannung zwischen beiden
Ladungen hoch genug ist, springen negativ geladene Elek-
tronen über den Riss und treffen auf dem Weg auf Stick-
stoffatome. Stickstoff ist als einer der Komponenten unserer
Luft immer vorhanden. Der Zusammenstoß zwischen Elek-
tronen und Stickstoff löst eine Reaktion aus: Der Stickstoff
gibt ein sehr schwaches bläuliches Licht ab. Wenn Sie diesen
Effekt beobachten wollen, ohne die Gesundheit Ihrer Zähne
zu riskieren, setzen Sie sich eine Viertelstunde lang in einen
dunklen Raum, um Ihre Augen lichtempfindlicher zu machen.
Dann schlagen Sie zwei Zuckerwürfel gegeneinander ... und
Sie werden dasselbe bläuliche Licht erblicken.

Warum **kühlen Pfeffer-
minzdragees** den Mund
so schön?

Der Geschmack eines Pfefferminzdragees wird von den vier
Geschmackszonen der Zunge – süß, bitter, salzig und sauer –
und von kleinen Sensoren in der Nase erkannt. Der Pfefferminzgeschmack, der den Dragees zugesetzt wird, wirkt wie

ein Aktivator, der die »lecker minzige« Empfindung ans Gehirn schickt.

Aber die kühlende Wirkung eines Pfefferminzdragees hat weder mit dem Pfefferminzgeschmack noch mit unserem Geschmacks- und Geruchssinn zu tun. Empfindungen von Kälte werden über andere Nervenbahnen ans Gehirn geschickt, die normalerweise durch einen Temperatursturz angeregt werden. In den Dragees ist es das Menthol, das mit seiner »kühlen« Botschaft die entsprechenden Nerven aktiviert. Deshalb haben Sie ein Gefühl von Kühle im Mund, aber ein wirklicher Temperaturabfall findet nicht statt. Es ist alles nur Einbildung.

Warum **schmerzt** eine Wunde **weniger,** wenn man die Stelle **reibt?**

Schmerz- und andere Signale werden von Neuronen oder Nervenzellen zum Gehirn geleitet; manche Neuronen sind jedoch schneller als andere. Schmerzsignale werden langsam weitergeleitet, und wenn Sie die Wunde reiben – und damit die betroffene Stelle erwärmen –, wird eine Nervenbahn aktiviert, deren Signale das Gehirn schneller erreichen. Die Botschaft des Reibens (oder der Hitze) hat also Vorrang vor dem Schmerzsignal, und deshalb scheint es, als ob der Schmerz nachgelassen habe.

Woher kommt
Jucken?

Juckreiz ist ein Frühwarnsystem, um Sie darauf aufmerksam zu machen, dass Ihr Körper mit einem schädlichen Stoff in Berührung gekommen ist. An den Enden Ihrer Nervenfasern sitzen winzige Organe, die Botschaften empfangen und diese ans Gehirn weiterleiten. Manche dieser Organe sind hitzeempfindlich, andere reagieren auf Licht, Druck oder Schmerz. Wenn diese »Schmerzorgane« gereizt werden, spüren wir Juckreiz.

Wenn wir eine juckende Stelle kratzen, geben unsere »Mastzellen« (eine Unterart der weißen Blutkörperchen, die bei allergischen Reaktionen eine Rolle spielen) eine Substanz namens Histamin ab. Histamin bindet sich an die Rezeptoren der lokalen Nervenendungen und ruft die Empfindung von Juckreiz hervor.

Juckreiz kann durch unterschiedliche Reizerreger hervorgerufen werden. Menschen mit einer Allergie produzieren einen Überschuss an Histamin, wenn sie mit einem Stoff in Kontakt kommen, der anderen Menschen überhaupt nichts ausmacht.

Was »Jucken« tatsächlich im physiologischen Sinne ist, weiß man nicht so genau, aber es könnte eine besondere Art des Schmerzempfindens sein, die nur durch bestimmte Reize ausgelöst wird. Manche sagen jedoch, dass es überhaupt nichts mit Schmerz zu tun hat, sondern eine ganz eigene Empfindung mit eigenem Reaktionsschema ist.

Warum **juckt** eine **Wunde** während der **Heilung?**

Wenn Körperzellen durch Schnitte, Chemikalien oder Bakterien beschädigt werden, entsteht als Reaktion eine Entzündung, die Teil des körperlichen Verteidigungsmechanismus ist. Normalerweise stellen sich vier Symptome ein: Rötung, Schmerz, Hitze und Schwellung. Eine Entzündung ist der Versuch des Körpers, Mikroben, Toxine oder Fremdkörper an der verwundeten Stelle zu zerstören, damit sich die Störung nicht auf benachbartes Gewebe ausbreiten kann; außerdem wird die befallene Stelle zur Gewebeerneuerung vorbereitet.

Das eigentliche Jucken aber, das wir bei der Heilung einer Wunde spüren, kommt durch das Wachstum frischer Zel-

len unter dem Wundschorf zustande. Während die frischen Hautzellen eine neue Hautschicht bilden, wird der Schorf auseinandergezogen. Das kann zu Juckreiz führen. Außerdem können die neuen Nervenzellen unter dem Schorf, während sie ihre Arbeit des Empfangens und Sendens von Botschaften aufnehmen, Juckreiz auslösen.

Warum müssen wir uns **kratzen,** und warum **juckt** es manchmal ganz **plötzlich?**

Dafür müssen wir zunächst die Empfindung des Juckens und Kitzelns verstehen, die durch mechanische Rezeptoren in den oberen Hautschichten vermittelt wird.

Ein mechanischer Rezeptor ist eine Zelle oder Teil einer Zelle, deren Struktur sie empfindlich gegenüber Zerrung und Krümmung macht. Diese Zellen gleichen sehr den bekannten langsamen Zellen für die Schmerzempfindung, und deshalb wird allgemein angenommen, dass Juckreiz als eine Art Schmerz einzuordnen ist.

Wenn diese Nervenenden gereizt werden, geben sie einen Neurotransmitter (die so genannte Substanz P) ab; dieser weitet die Blutgefäße, sodass mehr Blut zum Ort der Reizung gelangt und an der betreffenden Stelle zu einer Hautrötung führt. Außerdem aktiviert der Neurotransmitter die Mastzellen, die Teil der körpereigenen Allergieabwehr sind, und diese Zellen wiederum geben Histamin ab, das die Blutgefäße zu noch größerer Erweiterung anregt und die betroffene Stelle anschwellen lässt. Und daraus resultiert die Juck- und Kitzelempfindung.

Der Kratzreflex ist ein mächtiger Reflex, der vom Rückenmark gesteuert wird; dieses lokalisiert die betroffene Stelle

KRATZ

KRATZ

und führt die Hand dorthin. Das Kratzen stoppt den Juck-reiz, entweder weil der Reizstoff entfernt wird oder weil die Juckreizsignale im Rückenmark unterdrückt werden – wenn man sich nämlich so stark kratzt, dass die Schmerzempfin-dung den Juckreiz unterdrückt.

Ist eine **Haarschnellkur** das Gleiche für mein Haar wie eine **Kur für mich?**

Haar ist tot, mehr gibt es dazu eigentlich nicht zu sagen. Das Einzige, was die so genannten Conditioner vermögen, ist, das Haar zeitweise ein wenig aufzupeppen – man kann den toten Zellen aber kein Leben mehr einhauchen.

Was also können Conditioner? Je mehr Sie Ihrem Haar zumuten – durch Föhnen, Dauerwellen, ja, sogar durch Bürsten –, desto mehr Schaden fügen Sie ihm zu. Wenn Sie so ein beschädigtes Haar nehmen und unters Mikroskop legen, erkennen Sie unzählige hervorstehende Schuppen, die alle zusammenkleben. Das ist es, was Ihr Haar strohig macht; es lässt sich nur noch schwer bürsten und sieht glanzlos aus. Die meisten Conditioner legen auf dieses malträtierte Haar einen Schutzfilm, sodass es wieder glatt wird. Deshalb können Sie es nach der Verwendung von Conditioner auch leichter kämmen.

Warum **gähnen** wir, und warum ist **Gähnen** so **ansteckend?**

Dazu gibt es drei einander widersprechende Theorien.

Erstens die physiologische Theorie. Wir gähnen, um mehr Sauerstoff zu bekommen oder um einen Überschuss an Kohlendioxid loszuwerden. Gähnen ist also ansteckend, weil alle Menschen in einem Zimmer irgendwann frische Luft brauchen.

Zweitens die Langeweile-Theorie. Wenn ein Mensch etwas langweilig findet, dann gähnt er. Trotzdem gähnen wir ja nicht immer, wenn wir etwas langweilig finden – Gähnen könnte also ein soziales Signal an andere sein, dass sie uns furchtbar langweilen.

Und schließlich – die Evolutionstheorie: Wir gähnen, um unsere Zähne zu zeigen und zu demonstrieren, dass wir uns zu wehren wissen, wenn es nötig sein sollte. Gähnen hat einst als Warnung an andere gedient, hat aber im Laufe der Zivilisation allmählich seine aggressive Bedeutung verloren.

Finden Sie irgendeine dieser Theorien überzeugend? Ein Wissenschaftler namens Dr. Provine hat verschiedene Experimente mit dem Gähnen durchgeführt und ist zu dem Schluss gekommen, dass die erste Theorie nicht korrekt ist. Er klebte seinen Probanden den Mund zu, sodass sie ihn beim Gähnen nicht aufreißen konnten, sondern ihren Frischluftbedarf durch die Nase decken mussten. Die Probanden gaben an, dass diese Art des Gähnens nicht »befriedigend« sei, obwohl sie noch genügend Sauerstoff bekamen. Dr. Provine führte ihnen auch Extra-Sauerstoff zu, doch dies führte nicht zu einer Verminderung der Gähnrate. Aus diesem Ergebnis könnte man schließen, dass es nicht der Sauerstoffmangel ist, der zum Gähnen führt.

Nun zur Langeweile-Hypothese. Dr. Provine fand heraus, dass wesentlich mehr seiner Probanden gähnten, wenn sie ein halbstündiges Testbild sahen, als wenn man sie mit einem

Rockvideo erfreute. Aber hatten sie nun aus psychologischen Gründen gegähnt (weil sie sich langweilten) oder aus physiologischen (weil die Langeweile sie schläfrig machte)?

Provine fand allerdings heraus, dass ungefähr eine Stunde vor dem Schlafengehen und eine Stunde nach dem Wachwerden am häufigsten gegähnt wird. Außerdem gibt es einen unübersehbaren Zusammenhang zwischen Gähnen und Räkeln.

Inzwischen ist jedoch eine neue Theorie aufgetaucht, die besagt, dass Gähnen die Lymphzirkulation in unserer Gesichtsmuskulatur anregt. Lymphe ist eine Flüssigkeit, die durch das Lymphsystem des Körpers fließt und diesen bei der Krankheits- und Infektabwehr unterstützt. Damit die Lymphe jedoch zirkulieren kann, muss das Skelett in Bewegung sein, denn Lymphe fließt nicht auf dieselbe Art wie Blut. Man nimmt an, dass dies der Grund ist, warum wir uns morgens nach dem Aufwachen räkeln und strecken. Gähnen könnte in diesem Zusammenhang der Mechanismus sein, um die Lymphe in Gesicht und Nacken in Fluss zu bringen.

Warum Gähnen so ansteckend ist? Darauf gibt es keine gültige Antwort, aber es besteht kein Zweifel, dass es so ist. Allein dies hier niederzuschreiben hat mich zum Gähnen gebracht, und ich wette, auch Ihnen ist zum Gähnen zumute – hoffentlich aber nicht vor Langeweile.

Warum benutzen wir den **Ellenbogen,** um die **Temperatur** von **Badewasser** zu prüfen?

Es würde sinnvoller anmuten, wenn wir dazu die Hände nähmen, aber obwohl die Hand viel mehr Nervenenden besitzt als der Ellenbogen, ist die Haut in diesen Regionen viel zu dick und schützt unsere Temperaturrezeptoren vor der Hitze, die wir doch prüfen wollen. Außerdem sind unsere Hände möglicherweise daran gewöhnt, heiße Gegenstände anzufassen, und können uns keine verlässlichen Hinweise liefern. Es ist also besser, einen Körperteil mit dünnerer Haut zu benutzen. Und da liegt wahrscheinlich der Ellenbogen am nächsten.

Warum immer dieser **Heißhunger** auf **Schokolade?**

Schokolade hat Inhaltsstoffe, die glücklich machen. Darum! Große Mengen an Phenyäthylamin zum Beispiel, das auch in unserem Körper gebildet und bei sexueller Erregung freigesetzt wird; es steigert die Empfindungsfähigkeit und beschleunigt den Herzschlag. Darüber hinaus enthält Schokolade Methylxantin sowie Theobromin, Substanzen mit einer ähnlichen Wirkung wie Koffein. Und als ob das noch nicht genügte, liegt der Schmelzpunkt von Schokolade knapp unter unserer Körpertemperatur; sie ist also nahezu perfekt.

Warum **lachen** wir?

Lachen ist merkwürdig, denn es kann so unterschiedliche Emotionen wie Glück, Nervosität, Verlegenheit oder Enttäuschung ausdrücken. Lachen entspannt (während des Lachens entspannen sich die Muskeln im ganzen Körper), und man kann es benutzen, um Menschen auszugrenzen – etwa, wenn man über jemanden lacht. Zudem kann Lachen ein Mittel sein, um Herrschaft auszudrücken: Wenn der Chef einen Witz reißt, muss die ganze Belegschaft durch Lachen Beifall spenden.

Aber »warum« wir lachen, stellt die Wissenschaft immer noch vor ein Rätsel. Die Verhaltensforscher argumentieren, dass Lachen nicht, wie wir glauben, ein bewusster, ausgeklügelter mentaler Prozess ist, sondern nichts als eine primitive Reaktion auf unsere Umgebung. Lachen kann soziale Bindungen verstärken, da es das äußerliche Anzeichen dafür ist, dass wir uns in der Gesellschaft anderer wohl fühlen – Witze zu erzählen ist eine Grundlage sozialer Bindungen. Lachen ist auch eine natürliche Art der Entspannung, und wir alle haben uns sicherlich schon einmal »krank«gelacht, bis wir nicht mehr konnten.

In einer angespannten Situation kann nervöses Lachen dazu dienen, der möglichen Gefahr zu entgehen. Lachen kann auch mit Macht und Aggression verbunden sein.

Es mag viele Gründe für ein Kichern geben, aber das letzte Wort in der Lachforschung ist noch nicht gesprochen.

Was macht uns **schläfrig?**

Schlaf ist eine der alltäglichsten menschlichen Aktivitäten, und doch weiß man kaum, wie er funktioniert und wodurch er ausgelöst wird.

Vielleicht spielt die Zirbeldrüse im Mittelhirn dabei eine tragende Rolle, weil sie den Stoff Melatonin produziert. Melatonin gelangt in den Blutstrom und regelt den Schlaf-Wach-Rhythmus. Wenn man Hühnern Melatonin spritzt, schlafen sie sofort ein. Bis vor kurzem war noch keine körpereigene, Schlaf fördernde Substanz bekannt (obwohl es natürlich einige synthetische Drogen gibt, die den Schlaf fördern), doch nun hat eine Forschergruppe in Kalifornien die Zunahme einer bestimmten Substanz in der zerebrospinalen Flüssigkeit (die das Gehirn und das Rückenmark umhüllt) von Katzen festgestellt, denen man Schlaf entzogen hatte. Als diese Substanz Ratten injiziert wurde, fielen sie sofort in Tiefschlaf. Dieses »Schlafmittel« ist eine Fettsäure, die einem Baustein in den Zellmembranen ähnelt, aber wodurch ihre Ausschüttung ausgelöst wird, weiß man nicht genau. In Zukunft könnte diese Substanz als natürliches Schlafmittel nützlich sein, denn die herkömmlichen Mittel sind Sucht erzeugend

und können unangenehme Nebenwirkungen haben, ähnlich wie ein Alkoholkater. Ein Mittel, das der natürlichen Schlafsubstanz nachgebildet ist, wäre vielleicht verträglicher.

Warum **erröten** wir, wenn wir **verlegen** sind?

Erröten wird vom vegetativen Nervensystem gesteuert, von Nerven also, über die wir keine Kontrolle haben. Egal, wie sehr Sie es unterdrücken wollen, Sie können das Erröten nicht verhindern, im Gegenteil, Sie machen es nur noch schlimmer. Erröten wird durch Emotionen ausgelöst, die Blutzufuhr zum Kopf wird erhöht, und die Folge ist die bekannte rote »Bombe«. So schnell, wie das Erröten gekommen ist, kann es auch wieder vergehen, dann nämlich, wenn sich das vegetative Nervensystem entspannt und die Blutzufuhr wieder auf das normale Maß heruntergefahren wird.

Ich weiß, dass sich die **Pupillen** bei **sexueller Erregung weiten,** im **hellen Sonnenlicht** jedoch **verengen.** Wenn ich nun eine **Person am Strand** sehe, die mir total gefällt, welche Reaktion wird dann am Ende gewinnen?

Für die Erweiterung oder Verengung der Pupillen sind zwei verschiedene Nervensysteme verantwortlich: Das sympathische System kontrolliert die Erweiterung oder Dilatation der Pupillen, das parasympathische die Verengung oder Konstriktion. Die Größe Ihrer Pupille wird stets durch das Gleichgewicht zwischen diesen beiden Zuständen bestimmt.

Wenn der Sand also sehr hell ist, wird das parasympathische System stets bemüht sein, das Auge zu schließen, um die empfindliche Netzhaut vor Schaden zu bewahren. Wenn man jedoch sexuell erregt ist und das Herz schneller schlägt, wird das sympathische System dafür sorgen, dass die Augen weit offen sind.

Am Ende jedoch wird die Sonne siegen! Die parasympathischen Nerven, die für eine Verengung der Pupille sorgen, sind fleißiger als die sympathischen Nerven, die im Falle von Erregung die Dilatation der Pupille veranlassen. Ich würde demnach annehmen, dass sich die Pupille beim Anblick eines attraktiven Menschen kurz erweitert, dann jedoch sofort wieder verengt. Es sei denn, die Erregung wäre überwältigend.

Wie viele **Nervenenden** hat die **Zunge?**

Meinen Sie vielleicht die Geschmacksknospen? Das ist nicht dasselbe. Eine einzelne Geschmacksknospe kann mit mehr als einem Nervenende verbunden sein. Außerdem nehmen manche Nervenenden Temperatur wahr, andere Bewegung, und manche reagieren auf Verletzungen und senden entsprechende Signale ans Gehirn. Auch Schädelnerven enden auf der Zunge, sie ist folglich eine Art Spaghettiknoten aus Nervenenden.

Als Faust- (oder Zungen-)Regel können Sie rechnen, dass wir insgesamt zehntausend Geschmacksknospen besitzen, aber nicht nur auf der Zunge, sondern auch am Gaumen und an den Innenseiten der Wangen, und die Anzahl der Rezeptoren auf jeder Geschmacksknospe schwankt zwischen fünfzig und hundertfünfzig.

Warum schmeckt **geriebener Käse** besser als **Käse in Scheiben?**

Die Geschmacksknospen auf der Zunge und im Mund stellen eine chemische Reaktion zwischen Nahrung und Knospe her. Dafür muss die Nahrung mit der Geschmacksknospe in Berührung kommen. Und bei geriebenem Käse kommt mehr Nahrung in Kontakt als bei Käsescheiben. Je mehr Oberfläche die Nahrung bietet, desto stärker und abwechslungsreicher der Geschmack. Das, könnte ich hinzufügen, ist die Theorie. Testen Sie es selbst!

Manchmal fängt beim **Essen** die **Nase an zu laufen.** Wie kommt das?

Das kann aus mehreren Gründen passieren. Möglicherweise ist das Essen zu heiß – in diesem Fall steigt die Hitze aus dem Mund in die Nasenhöhle auf. Dort sitzt immer Schleim oder Mucus, dessen Aufgabe es ist, die Nase von Bazillen frei zu halten, und dieser Schleim wird bei Erwärmung flüssig. Folglich können heiße Speisen die Nase zum Laufen bringen, denn sie nimmt die Hitze auf. Und das muss nicht nur an hoher Temperatur liegen: Auch sehr scharfe Speisen, zum Beispiel Currygerichte, haben diese Wirkung.

Eine kleine Menge Nasenschleim ist wichtig für unser Geschmacksempfinden, denn vieles, was wir für Geschmack halten, ist eigentlich unserem Geruchssinn geschuldet. Menschen, die nicht mehr riechen können (erinnern Sie sich, wie es Ihnen bei Ihrer letzten bösen Erkältung ging), beschweren sich darüber, dass ihr Essen fade und langweilig schmeckt. Das liegt daran, dass die Geschmacksknospen im Mund nur vier Geschmacksrichtungen identifizieren können – süß, salzig, bitter und sauer. Für den feineren Geschmack müssen wir uns auf die Riechrezeptoren unserer Nase verlassen.

Geruch wird stärker, wenn er auf eine feuchte Oberfläche trifft, weil die geruchsproduzierenden Stoffe sich leichter in Flüssigkeit lösen und so von den Riechzellen besser erfasst werden. Das ist teilweise der Grund, warum Hunde mit ihren feuchten Nasen einen viel empfindlicheren Geruchssinn haben als Menschen. Fazit: Die Nase produziert immer ein bisschen mehr Schleim beim Essen, damit wir es besser riechen und schmecken können.

Was ist die **biologische** Erklärung für **Liebe?**

Wenn Sie Schokolade analysieren, werden Sie feststellen, dass einer ihrer Haupt»wohlfühl«bestandteile eine Substanz namens Phenyläthylamin ist. Derselbe Stoff wird von der Hirnanhangsdrüse während sexueller Erregung verstärkt produziert und erhöht die Empfindungsfähigkeit und den Herzschlag.

Hinzu kommt die Droge Dopamin, auch ein wichtiger Faktor des »Verliebtheitsgefühls«; Dopamin rauscht durchs

Gehirn und verschafft uns ein Hochgefühl. Ihm zur Seite steht Noradrenalin, das die Produktion von Adrenalin anregt, dem wir das starke Herzklopfen verdanken. Den Hauptanteil der »höchsten Gefühle« verschafft uns jedoch das Phenyäthylamin. Alle diese Stoffe zusammen können manchmal den Teil des Gehirns, der für das logische Denken verantwortlich ist, lahmlegen – und der Mensch ist »wahnsinnig« verliebt.

Irrationale romantische Vorstellungen werden möglicherweise durch Oxytocin hervorgerufen, ein wichtiges Sexualhormon, das den Orgasmus und das Gefühl emotionaler Bindung auslöst. Je erregter man wird, desto mehr Oxytocin schüttet der Körper aus.

Warum scheint mit dem **Älterwerden** die **Zeit** immer **schneller** zu vergehen?

Wir messen das individuelle Verstreichen von Zeit, indem wir aktuelle Begebenheiten an unseren Erfahrungen messen. Je länger wir leben, desto mehr Erlebnisse haben wir gehabt. Einem Fünfjährigen erscheint eine Woche länger als einem Zwanzigjährigen, weil ein Fünfjähriger noch nicht so viel »Zeit« erlebt hat wie ein Zwanzigjähriger. Verglichen mit der gesamten vorher erfahrenen Zeit erscheint einem Zwanzigjährigen eine Woche in Relation kürzer als einem Fünfjährigen, für den eine Woche noch einen größeren Anteil Lebenszeit darstellt.

Warum kriege ich eine **Gänsehaut,** wenn ich **Watte** anfasse?

Es gibt viele Empfindungen, die der von Ihnen beschriebenen gleichen, und man hat ihnen unterschiedliche Namen gegeben: Manche sprechen von Gänsehaut, andere sagen: »Da läuft es mir kalt den Rücken hinunter.« Im angelsächsischen Raum sagt man auch: »Da ist gerade jemand über mein Grab gelaufen.«

Am einfachsten ist die Gänsehaut zu erklären. Sie ist ein Überbleibsel aus jenen Zeiten, als unsere Vorfahren noch stark behaart waren. Kalte Luft bewirkt, dass die Muskeln unter der Haut sich versteifen und die kleinen Härchen auf der Haut aufrichten. Hätten wir mehr Körperhaare, könnten wir auf diese Weise mehr Luft zwischen den Haaren speichern und uns so vor der Kälte schützen. Tiere mit Fell und auch Vögel nutzen diesen Mechanismus. Wenn wir eine Gänsehaut bekommen, verhält sich unser Körper also in einer Weise, die ihm in der Urzeit nützlich gewesen ist.

Vermutlich ist Ihnen schon aufgefallen, dass das Fell bestimmter Tiere nicht nur bei Kälte, sondern auch im Angesicht von Gefahr »zu Berge« steht: Denken Sie an die Katze, die mit aufgestellten Haaren vor dem Hund flüchtet. Dieser Reflex hilft der Katze, größer zu erscheinen und ihren Feinden Respekt einzuflößen. Hätten wir Menschen mehr Haar, könnten wir uns diesen Reflex gleichfalls zunutze machen; dies könnte auch die Erklärung sein, warum wir bei Gefahr oder Angst eine Gänsehaut bekommen.

Diese Reaktionen sind individuell, denn nicht alle Menschen reagieren auf die gleichen Dinge. Manche empfinden es als Bedrohung, wenn ein Nagel über eine Schultafel kratzt, anderen macht das überhaupt nichts aus. In Ihrem Fall sind es die Wattebäusche – ich kann die Dinger auch nicht ausstehen!

Warum **küssen** wir, wenn wir **Zuneigung** ausdrücken wollen?

Eines der Dinge, die uns von anderen Säugetieren unterscheiden, ist die Art, wie wir miteinander kommunizieren. Dafür steht uns eine Vielzahl von Ausdrucksmöglichkeiten zur Verfügung, von denen einige außerordentlich komplex sind.

Die wichtigste Ausdrucksmöglichkeit menschlicher Kommunikation ist sicherlich die Sprache, mit der wir komplexe Ideen und Gefühle ausdrücken und von anderen verstanden werden. Es ist nicht belegt, ob die menschliche Sprache entstand, als wir anfingen, in größeren Gruppen zu leben, oder ob es die Sprache war, die das Leben in größeren Gruppen erst ermöglichte. Ohne Sprache wäre jedoch die Entwicklung unserer Zivilisation und unserer Kultur nicht möglich gewesen.

Menschen kommunizieren aber nicht nur mittels Sprache, sondern auch durch Mimik, Körperhaltung und Berührung. Auch manche Tiere tun dies, und je größer die soziale Gruppe, desto komplexer die Interaktion. Bei gesellig lebenden Primaten zum Beispiel bildet das gegenseitige Lausen einen wichtigen Bestandteil der Sozialstruktur mit der Funktion des Beziehungsaufbaus.

Obwohl alle Menschen die Fähigkeit besitzen, Gefühle durch Mimik und Interaktion auszudrücken, wird die Art, in der wir das tun, hauptsächlich durch die Kultur beeinflusst, in der wir aufgewachsen sind. Küssen ist mithin eine Art der Kommunikation, durch die wir anderen mitteilen, wie wir zu ihnen stehen, aber die Art des Küssens und die Situationen, in denen wir es als opportun ansehen, hängt stark von unserem kulturellen Background ab.

An dieser taktilen Kommunikation sind Lippen und Hände beteiligt – wahrscheinlich, weil die meisten Sinnesnerven an den Fingerspitzen, auf den Lippen und auf der Zunge sitzen. All diese Sensoren spüren Geschmack und Beschaffenheit von Nahrung auf und sind sehr sensibel gegenüber Temperatur und Oberflächenbeschaffenheit. Wegen ihrer Empfindlichkeit erscheint es nur logisch, dass Gefühle von Bindung hauptsächlich durch diese Zonen des Körpers ausgedrückt werden.

Wodurch entsteht auf der **Achterbahn** dieses Gefühl im **Magen?**

Zunächst müssen Sie sich all die Kräfte vorstellen, die auf Ihre armen Eingeweide einwirken. Auf der Achterbahn wirkt wie überall auf der Erde die Erdanziehung, die uns nach unten zieht. Doch das ist es nicht allein. So kann insbesondere die Beschleunigung als positiv erfahren werden, wenn die Fahrt nach oben geht, andererseits jedoch als negativ, wenn Sie rasend schnell in den Abgrund sausen. Und die ganz gemeinen Achterbahnen setzen Ihren Körper auch noch seitlich einwirkenden Kräften aus.

Folglich fühlt man sich in die unterschiedlichsten Richtungen geschleudert, immer abhängig von der Richtung der Beschleunigung. Doch wir nehmen Kräfte, die auf uns einwirken, nicht getrennt voneinander, sondern gleichzeitig und in ihrer Wirkung verstärkt wahr, und diese Gefühle nutzt die Achterbahn aus: Wenn die Fahrt rasend schnell nach oben geht, sind wir beiden Kräften (der Erdanziehung und der Wirkung der Aufwärtsfahrt) in derselben Richtung ausgesetzt und fühlen uns besonders schwer. Wenn wir hingegen schnell fallen, können die beiden Wirkungen einander aufheben, und wir fühlen uns fast schwerelos.

Diese scheinbare Gewichtsveränderung sorgt für das seltsame Gefühl im Magen. Bei der rasanten Abwärtsfahrt erfahren sämtliche nur lose miteinander verbundenen Organe im Inneren eine unterschiedliche Beschleunigung, und das fühlt sich seltsam an. Im geraden, schnellen Fall nach unten existiert sozusagen keine Anziehungskraft mehr, da die widersprechenden Kräfte einander aufheben: Als Folge fühlt sich auch unser Magen wie schwerelos an, und uns wird übel.

Warum können **Menschen** sich nicht **selbst kitzeln?**

Kitzeln stimuliert die zarten Nervenenden unter der Hautoberfläche. Manche Menschen bringt das zum Lachen, andere weichen vor der Berührung zurück.

Wie sehr ein Kitzeln kitzelt, hängt sehr davon ab, wer uns kitzelt! Kürzlich durchgeführte Studien haben bei Leuten, die von anderen gekitzelt wurden, andere Gehirnströme ergeben, als wenn sie sich selbst kitzeln. Wenn man es selbst macht, scheint das Gehirn zu wissen, was kommt, und erteilt den Befehl, nicht darauf zu achten. Wenn es hingegen ein anderer tut, sendet das Zerebellum – der Teil des Gehirns, der für Planung verantwortlich ist – dringende Nachrichten an einen anderen Teil des Gehirns und warnt vor möglichen Gefahren.

Und doch müssen wir die Empfindung kontrollieren können; unser Leben würde unerträglich, wenn unsere Fußsohlen bei jeder Berührung mit dem Boden jucken würden. Also trennt das Gehirn die wichtigeren von den weniger wichtigen Stimuli.

Der Evolutionstheoretiker Darwin war sehr am Phänomen des Kitzelns interessiert. Er erkannte, dass ein gekitzeltes Tier sich krümmte, um seine verwundbaren Körperteile dem Reiz zu entziehen. Darwin nahm an, dies sei ein Mechanismus aus der Entwicklungsgeschichte, der uns gegen Raubtiere schützt. Interessanterweise kann man das Gekitzeltwerden mit zunehmendem Alter besser genießen.

Woher kommt dieses **Gefühl,** wenn man manchmal **beim Einschlafen** »von der **Klippe** fällt«?

Im Schlaf fallen Ihre Muskeln in Armen und Beinen in eine Starre. Wäre dem nicht so, würden Sie womöglich Ihre Träume ausagieren! Stellen Sie sich vor, was da alles passieren könnte. Das Problem ist, dass die »Erstarrung« nicht immer mit dem genauen Zeitpunkt des Einschlafens zusammenfällt.

Wenn Sie langsam dem Schlaf entgegentreiben und plötzlich durch etwas wieder aufgeweckt werden, kann sich die Empfindung von einem Sturz oder ein Zucken einstellen, denn Sie sind vor der Auflösung der Starre in Ihren Muskeln aufgewacht. Mit anderen Worten: Ihre Muskeln erwachen wieder zum Leben, und Sie sind als Beobachter dabei – daher kommt das Zucken. Vielleicht meinen Sie, das Zucken hätte Sie aufgeweckt, aber in Wirklichkeit ist es andersherum: Sie sind erst aufgewacht, und dann haben Sie gezuckt.

Manche Menschen erleiden eine lange Verzögerung und liegen ungefähr eine halbe Sekunde lang still, unfähig, ihre Arme und Beine zu bewegen. Das ist aber nichts, was Sie beunruhigen müsste. Bei anderen ist die Muskelerstarrung nicht so wirksam, und sie treten beim Schlafen immer wieder mit den Beinen um sich. Diese Eigenschaft ist als Syndrom der »ruhelosen Beine« oder als *Restless Leg Syndrome* bekannt und kann sehr irritierend für den Schlafpartner werden.

9. Zahlenspiele

Wir fangen bei null an

Wer hat die
Null erfunden?

Schon die Babylonier haben ein nummerisches System entwickelt, das auf der Zahl 60 basierte. Sie kannten jedoch
keine Null und ließen an dieser Stelle einfach eine Lücke.
Doch bald sahen sie sich vor das Problem gestellt, wie sie
die Zahlen 10, 100, 101 usw. ohne Null schreiben sollten. Sie
mussten folglich eine Null erfinden, um dieses Problem zu
lösen, und benutzten ein Symbol, das eher dem heute ge-
bräuchlichen Winkelzeichen ähnelte. Das war ungefähr um
500 v. Chr., aber im Grunde war es eher eine Markierung als
die tatsächliche »Zahl« Null.

Die Null als eigenständige Zahl musste eingeführt werden, als die Minuszahlen erfunden wurden, und es gibt Hinweise, dass dies im Indien des 7. Jahrhunderts geschah. Der
Mathematiker und Astronom Brahmagupta war der Erste,
der Regeln zum Gebrauch der Null und der Minuszahlen
aufstellte: »Die Summe aus null und einer Minuszahl ergibt
Minus, die Summe aus einer Pluszahl und null ergibt Plus,
die Summe aus null und null ergibt null.« Nicht alle seine
Betrachtungen zum Konzept der Null waren korrekt, aber
die Mathematik hatte einen großen Sprung vorwärts getan.

Wird die Null
als gerade Zahl
angesehen?

Eine gute Frage! Per Definition hinterlässt eine gerade Zahl,
die durch 2 geteilt wird, keinen Rest. Daraus ließe sich schließen, dass auch die Null eine gerade Zahl ist, denn null geteilt
durch 2 ergibt null, ohne Rest.

Allerdings habe ich in einem Mathematiklexikon gelesen, dass die geraden Zahlen als ein Teil der unendlichen Menge der ganzen Zahlen gelten – 2, 4, 6, 8 usw. Die Null wurde bewusst ausgelassen. Aber ich schätze, dieses Lexikon fasst die Definition zu eng, denn die Null ist eine ganze Zahl, und die meisten Mathematiker würden mir zustimmen, dass die Null auch eine gerade Zahl ist.

Ich habe gehört, dass man bei der **Wahl** für einen **Preis** (wenn man zum Beispiel die Wahl zwischen **mehreren Türen** hat, und nur hinter einer befindet sich der **Hauptgewinn**) bessere **Aussicht** auf den **Gewinn** hat, wenn man es sich nach der ersten Wahl **noch mal anders überlegt.** Ist das wahr?

Ja! Stellen Sie sich Folgendes vor: Sie sind Teilnehmer in einer Quizshow mit drei Türen – A, B und C. Hinter zwei der Türen stehen Ziegen, hinter der dritten ein brandneues Auto. Wenn Sie Tür A wählen und der Quizmaster Ihnen zeigt, dass hinter Tür B eine Ziege lauert, und Sie fragt, ob Sie eine andere Wahl treffen wollen, dann verbessern Sie Ihre Chance auf den Autogewinn, wenn Sie Ja sagen und Tür C wählen. Verrückt, aber wahr.

Dem liegt folgendes Prinzip zugrunde: Bei der ersten Wahl stehen die Chancen 2 zu 3, dass Sie bei einer Ziege landen, und nur 1 zu 3, dass Sie das Auto gewinnen. Sie haben mit anderen Worten die größere Chance, auf die falsche Tür zu tippen. Bei sechs Versuchen von neun werden Sie auf eine Ziege stoßen. Wenn man Ihnen aber zeigt, hinter welcher Tür eine der Ziegen lauert, können Sie für diese sechs

Versuche mit Sicherheit die letzte, die dritte Tür wählen, weil Sie ganz genau wissen, dass dahinter Ihr neuer Wagen auf Sie wartet. Sicher, bei drei Versuchen von neun hätten Sie tatsächlich das Auto hinter der ersten Tür erwischt, wenn Sie sich also eines anderen besinnen, ist das eher die Garantie, dass Sie hinter der dritten Tür doch bei der Ziege landen.

Leider besteht bei Glück und Wahrscheinlichkeit das grundsätzliche Problem, dass Sie niemals wissen, welche der Möglichkeiten Sie wählen. Versuchen Sie es mal mit drei Eierbechern und einer Euromünze. Verstecken Sie die Münze und bitten Sie einen Ihrer Zuschauer, einen Eierbecher auszuwählen. Zeigen Sie ihm nun einen Becher ohne Münze und fragen Sie ihn, ob er eine andere Wahl treffen will. Listen Sie auf, wie oft Ihre Zuschauer gewonnen haben. Schon bald sollten Sie erkennen, dass diese häufiger gewinnen, wenn sie eine neue Wahl treffen. Wenn Sie jedoch unbedingt die Ziege gewinnen wollen, sollten Sie bei Ihrer ersten Wahl bleiben.

Hätte es nicht mehr Sinn, **Lotto** zu spielen,
wo ich **nur sechs** Zahlen aus 49 wählen muss?
Wie kann ich mir die **Chance** auf
sechs Richtige ausrechnen?

Es gibt 49 Zahlen, aus denen Sie wählen können, und Sie müssen sechs Richtige haben, um den großen Preis abzuräumen. Die Wahrscheinlichkeit, dass die Zahl auf der ersten Kugel stimmt, beträgt 6 zu 49.

Die Wahrscheinlichkeit, dass die zweite Kugel stimmt, beträgt 5 zu 48. Die dritte 4 zu 47. Und so weiter bis 1 zu 44.

Wenn die Möglichkeit besteht, dass ein bestimmtes Ereignis eintritt, UND die Möglichkeit, dass ein anderes Ereignis

eintritt, multipliziert man die Zahlen, um die größtmögliche Wahrscheinlichkeit des Eintritts beider Ereignisse herauszubekommen. Um also sämtliche Zahlen auszurechnen, müssen Sie (49 × 48 × 47 × 46 × 45 × 44) durch (6 × 5 × 4 × 3 × 2 × 1) teilen. Daraus ergibt sich die Chance von 1:13 983 816.

Ihre Chance, den Jackpot im Lotto zu gewinnen, liegt also bei 1 zu 13 983 816. Da würde ich mich lieber an die Quizshows halten.

Ist die **Chance** höher, **zwei Mal** *hintereinander* im **Lotto** zu gewinnen oder **zwei Mal** im ganzen **Leben?**

Es wäre leichter, wenn Sie die Frage vereinfachen würden und die Gewinnwahrscheinlichkeit ausrechnen, wenn Sie zum Beispiel elf Wochen lang jede Woche spielen würden.

Sagen wir mal, die Gewinnwahrscheinlichkeit beträgt 1 zu 10, und in der ersten Woche gewinnen Sie. Die Wahrscheinlichkeit, dass Sie erneut gewinnen, liegt jeden Tag bei 1 zu 10, und so werden Sie vermutlich an einem der kommenden Tage gewinnen. Wenn Sie nur in der nächsten Woche spielen, liegt die Gewinnwahrscheinlichkeit immer noch bei 1 zu 10. Ihre Chancen, in der nächsten Woche zu gewinnen, sind also die gleichen wie Ihre Chancen auf einen Gewinn am siebten Tag oder am elften Tag.

Es wird deutlich: Je mehr Sie spielen, desto größer Ihre Chance, dass die Wahrscheinlichkeit zu Ihren Gunsten ausfällt – aber das ändert nichts an der Wahrscheinlichkeit selbst.

Was ist eine **Primzahl,** und woran kann ich sie **erkennen?**

Eine Primzahl ist jede von 1 verschiedene natürliche Zahl, die nur durch 1 oder durch sich selbst teilbar ist. Wenn es keine Primzahl ist, nennt man sie Nichtprimzahl oder zusammengesetzte Zahl. 3, 5, 7 und 11 sind demnach Primzahlen – den Rest können Sie vielleicht selbst auflisten. Aber seien Sie gewarnt: Zu ermitteln, ob eine Zahl eine Primzahl ist oder nicht, ist gar nicht so einfach, sobald die Zahlen den Hunderterraum übersteigen. Der Mathematiker Pierre de Fermat stellte im 17. Jahrhundert folgenden Satz auf: Wenn p eine Primzahl ist und a eine natürliche Zahl, dann muss a hoch p minus 1 ($a^{(p-1)}$) durch p teilbar sein. Wenn es nicht durch p teilbar ist, ist es keine Primzahl. Doch auch wenn es durch p teilbar ist, muss es nicht unbedingt eine Primzahl sein, da auch einige zusammengesetzte Zahlen ein Resultat ergeben würden, wo dies der Fall ist. Solche Zahlen sind als Pseudo-primzahlen bekannt.

Wie viele **Primzahlen** gibt es also **insgesamt?**

Antwort: Unendlich viele. Primzahlen sind ganze Zahlen, und von diesen gibt es unendlich viele. Oder lautet Ihr Argument, dass die Primzahlen eine Untergruppe der ganzen Zahlen sind und deshalb auch eine geringere Menge bilden müssen? Ein interessantes Argument, das jedoch nicht greift. Denn die Definition der Unendlichkeit beinhaltet bereits, dass die lange Liste der ganzen Zahlen niemals ein Ende haben kann: Die Reihe setzt sich fort bis in alle Ewigkeit, und dasselbe gilt auch für die Primzahlen.

Was ist **»Pi«,** und was ist so **besonders** daran?

Es gibt wohl kaum einen erwachsenen Menschen, dem nicht irgendwann eingetrichtert worden ist, dass das Verhältnis des Kreisumfangs zum Kreisdurchmesser, unabhängig von der Größe des Kreises, immer die gleiche Zahl ergibt – Pi.

Sein Wert wird üblicherweise mit 3,14 angegeben, aber Pi ist eine so genannte irrationale Zahl, die unendlich ist. Ein Viertel zum Beispiel hat den exakten Wert von 0,25, ein Sechstel jedoch hat kein Ende, sein Wert beträgt nämlich 0,166666… und so weiter. Das Gleiche gilt für Pi. Wenn Sie Pi auf 18 Stellen hinter dem Komma erweitern wollen, kommen Sie auf 3,141592653589793238, aber ein Ende ist immer noch nicht abzusehen.

Die Bedeutung von Pi ist seit mehr als viertausend Jahren bekannt: Die Babylonier wie auch die Ägypter kamen darauf, dass der Kreisumfang und der Kreisdurchmesser immer durch diese besondere Zahl Pi in einem Verhältnis zueinander standen. Dabei kamen sie, gemessen am modernen Standard, nur auf den ungefähren Wert von Pi. Anfänglich wurde die 3 als Annäherungswert von Pi benutzt, und erst im dritten vorchristlichen Jahrhundert scheint Archimedes die erste wissenschaftliche Anstrengung zur genauen Berechnung von Pi unternommen zu haben; er kam auf eine Ziffer, die annähernd 3,14 betrug. Im frühen 6. Jahrhundert haben chinesische und indische Mathematiker unabhängig voneinander die Dezimalstellen von Pi bestätigt oder ihre Anzahl erweitert. Und im frühen 20. Jahrhundert entwickelte das Mathematikgenie Srinivasa Ramanujan Möglichkeiten, Pi auf so effiziente Weise zu berechnen, dass man es in Computeralgorithmen eingeben konnte und so die Darstellung von Pi durch Millionen von Digits erhielt. Zum jetzigen Zeitpunkt haben Computer bereits zweihundert *Milliarden* Dezimalstellen von Pi berechnet, und ein Ende ist nicht in Sicht.

Wer erfand das
Gleichheitszeichen?

Das ist eine der großen unbeantworteten Fragen, aber wir können immerhin mit einigen guten Hinweisen auf die Herkunft des Gleichheitszeichens aufwarten. Im British Museum lagert eine Schriftrolle, der Rhind-Papyrus, ein Schriftstück, das ungefähr einen halben Meter breit und fast fünfeinhalb Meter lang ist. Obwohl wichtige Teile fehlen, stellt dieser Papyrus die Grundlage unserer Kenntnisse über die Mathematik der Ägypter dar und enthält die ältesten bekannten Symbole für mathematische Operationen, einschließlich des ältesten Zeichens, das ein wenig unserem modernen Gleichheitszeichen ähnelt. Allerdings steht es immer am Ende der Aufgabe, und obwohl es in der Form unserem Gleichheitszeichen ähnelt, treffen die beiden parallelen Linien an ihrem Ende zusammen, und in der Mitte der oberen Linie ist ein kleines »w«, das die Linie berührt. Dieses Symbol könnte also der Vorfahre unseres Gleichheitszeichens sein – oder auch nicht.

Das Gleichheitszeichen, wie wir es kennen, scheint der Allgemeinheit 1557 durch Robert Recorde in seinem Lehrbuch für Algebra, *The Whetstone of Witte*, nahegebracht worden zu sein. Darin schreibt er: »I will sette as I doe often in woorke use, a paire of parralles, or Gemowe lines of one lengthe, thus: = =, bicause noe 2 thynges can be moare equalle.«[2]

---

2   In modernem Deutsch: »Ich werde, wie ich es oft zu tun pflege, in meinen Arbeiten ein Paar von parallelen Strichen der gleichen Länge, Gemowe-Linien, verwenden; also: = =, weil zwei Dinge nicht ähnlicher sein könnten.« (Anm. d. Übers.)

10. Brainstorming

Von grauer Masse und Brotkrusten

Ich habe gehört, dass wir nur
einen **kleinen Teil** unseres
Gehirns benutzen, ungefähr
10 Prozent. Ist das wahr?

Wir sollten dieses bemerkenswerte Werkzeug in unserem Schädel mit Achtung behandeln. Wenn Sie das vorliegende Buch von Anfang an gelesen haben, hat Ihr Gehirn eine Menge Arbeit geleistet. Sie haben enorm viel Information aufgenommen, viele Fragen und Antworten bedacht, und all das ist in Ihrem Kopf mit Hilfe eines Organs geschehen, das gerade mal drei Pfund wiegt. Aber Achtung, es sind drei Pfund, die ganz schön dicht gepackt sind und nach Futter hungern.

In einem durchschnittlichen menschlichen Gehirn sitzen hundert Milliarden Nervenzellen, das sind zwanzigmal so viel, wie es Menschen auf der Erde gibt. Diese Zellen, die Neuronen, sind sowohl Sender als auch Empfänger von Informationen. Sie nehmen winzige elektrische Ströme auf und senden sie an die entsprechenden Stellen weiter. Sie sind die Grundlage unseres gesamten Nervensystems. Wenn Sie sich zum Beispiel in den Finger pieksen, fließt ein gewaltiger Strom von Informationen durch Ihre Nervenzellen, und zwar von der Fingerspitze bis ins Gehirn und wieder zurück – als Meldung, dass Sie Schmerz verspüren.

Von allen Körperorganen verbraucht das Gehirn die meiste Energie. Alle diese Neuronen sind wie kleine Batterien, und wenn ihre elektrische Ladung aufgebraucht ist, müssen sie wieder aufgeladen werden. Irgendwoher muss diese Energie kommen, und man schätzt, dass 20 bis 30 Prozent der Gesamtenergie des Körpers allein vom Gehirn verbraucht werden. Sehen Sie es mal so: Mehr als ein Fünftel dessen, was auf Ihrem Mittagsteller liegt, wird allein dazu benötigt, um Ihr Gehirn zu versorgen.

Die Vorstellung, dass der weitaus größte Teil des Gehirns nicht genutzt wird, ist ein Mythos. Vergegenwärtigen Sie sich Folgendes: Der menschliche Körper ist ein ausgeklügelter Mechanismus, der mit sparsamsten Mitteln die größtmögliche Leistung herausholt. Warum sollte er ohne guten Grund etwas so Gieriges wie ein faules Gehirn versorgen? Dies wäre jedenfalls die Argumentation der Evolutionstheoretiker.

Wahr ist jedoch, dass das Gehirn nicht ständig arbeitet. Teile des Gehirns verfallen in Trägheit, wenn sie nicht benutzt werden; dies geschieht zum Beispiel, wenn Sie schlafen oder mit geschlossenen Augen Musik lauschen. Möglich ist, dass wir während solcher Phasen nur einen Teil der Kraft des Gehirns nutzen. Aber sobald das Telefon läutet und Sie aufspringen, um an den Apparat zu gehen, erwachen alle Neuronen zum Leben, und kaum eine wird abwinken und länger schlafen wollen.

Ist das **Gehirn** in **manchen Dingen besser** als in anderen? Kann es zum Beispiel **Geschmack** besser erkennen, da wir ja nur **einen Mund** benötigen, um zu schmecken? Zum **Hören** oder **Sehen** jedoch benötigen wir **zwei Ohren** und **zwei Augen.** Ist das Gehirn in diesen Bereichen **weniger gut** und braucht es deshalb **doppelten Input?**

Es verhält sich genau umgekehrt. Im Laufe der Evolution haben sich Augen und Ohren als Paare herausgebildet, weil unser Gehirn so clever ist. Wir müssen Entfernungen zu Objekten und anderen Menschen abmessen können, dies war (und ist) eine überlebenswichtige Fähigkeit. Es hat zum Beispiel nicht viel Sinn, eine Klippenkante zu sehen, wenn man nicht abschätzen kann, wie weit man von ihr entfernt ist.

Augen und Ohren sind sich insofern ähnlich, als das einzelne Auge und das einzelne Ohr uns von unserer Umwelt ein geringfügig verändertes Bild vermitteln. Wenn Sie sich einen Gegenstand nahe vor die Augen halten und diese abwechselnd schließen, sehen Sie mit jedem Auge ein leicht verändertes Bild. Etwas Ähnliches gilt für Geräusche. Diese leichten Veränderungen im Sehen und Hören helfen uns zu bestimmen, wo genau sich ein bestimmtes Objekt befindet oder woher ein Geräusch kommt. Der Mund hingegen braucht diesen Peilsinn nicht, und das ist vielleicht der Grund, warum wir nur einen haben. Wie dem auch sei – stellen Sie sich doch mal vor, wie es wäre, zwei Münder zu haben. Es wäre schon eine interessante Überlegung, wo hinein wir unser Essen schieben sollen – vielleicht die heißen Speisen in den einen, die kalten in den anderen Mund? Außerdem würde dann unsere Stimme aus zwei leicht veränderten Richtungen ertönen und den Ohren ihren Job ziemlich erschweren.

Albert Einstein war doch so **klug.**
Bedeutet das, dass sein **Gehirn größer**
war als das der meisten Leute?

Intelligenz hat nichts mit der Größe des Gehirns zu tun, wie das Beispiel von Einstein belegt. Albert Einstein war ein schmächtiger Mann, alles andere als ein Riese, und hatte das passende Gehirn dazu – tatsächlich war es sogar kleiner als ein Durchschnittsgehirn. Was Einstein jedoch so clever machte – und das gilt für die meisten cleveren Leute –, war die Fähigkeit seiner Nervenzellen zur Vernetzung. Je mehr

Verbindungen die Neuronen herstellen können, desto klüger ihr Besitzer. Die physische Größe des Gehirns spielt dabei keine Rolle. Bedenken Sie, Ihr Kopf beherbergt zwanzig Mal so viele Nervenzellen, wie es Menschen auf der Erde gibt, und je mehr Sie die Neuronen in Ihrem dicht bevölkerten Kopf zur Kommunikation anregen, desto klüger werden Sie. Darüber hinaus gehören Neuronen zu der ältesten Zellart in unserem Körper, und manche von ihnen begleiten Sie Ihr Leben lang. Um Ihnen einen bildlichen Eindruck von der beeindruckenden Anzahl zu geben: Wenn Sie für jede einzelne Nervenzelle ein Blatt Papier auf einen Stapel legen würden, hätten Sie am Ende einen 8850 km hohen Turm errichtet.

Die Leute reden von
»Geistesblitzen«, wenn
sie eine **gute Idee** haben.
Was sind Geistesblitze?

In Ihrem Geist »blitzt« es die ganze Zeit, wenn die elektrischen Impulse zwischen den Nervenzellen hin und her funken, aber das heißt nicht, dass Ihr Gehirn vor guten Ideen sprüht. Manche dieser Hirnströme haben eine höhere Frequenz als andere, und diese Frequenz bestimmt die Arbeit, die bestimmte Hirnstromarten zu verrichten haben. Man spricht im Allgemeinen von vier verschiedenen Hirnstromarten: Alpha, Beta, Theta und Delta.

Wenn Sie angestrengt nachdenken, weil Sie ein Problem lösen oder Fragen unter Zeitdruck beantworten müssen, dann erzeugen Sie Betawellen mit 20–40 Zyklen pro Sekunde. Stellen Sie sich vor, Sie hätten gerade an einem Quiz teilgenommen, und Ihr Gehirn wäre von Betawellen überflutet – in dem Moment, wo Sie anfangen, sich zu entspannen, verlangsamen sich die Hirnströme auf 10 – 4 Zyklen pro Sekunde und werden zu Alphawellen. Wenn Sie gerade bei einer Tätigkeit sind, die Sie extrem schwierig finden, machen Sie mal einen Moment Pause und atmen Sie tief durch, während Sie nachdenken; in diesem Moment erzeugen Sie Alphawellen, das Produkt eines entspannten Gehirns.

Wenn Sie mental in einen noch niedrigeren Gang schalten, verlangsamen sich Ihre Hirnströme auf ungefähr fünf Zyklen pro Sekunde, und wenn Sie beginnen zu tagträumen, übernehmen die Thetawellen die Oberhand. Wenn man Ihnen sagt, Sie würden »ins Leere starren«, dann liegt es daran, dass Ihr Gehirn nun völlig von Thetawellen überflutet ist. Es ist außerordentlich entspannend, sich im Theta-Stadium zu befinden, deshalb behaupten auch manche Menschen, dass ihnen die besten Ideen stets in der Badewanne kommen.

Wenn die Gehirnwellen sich auf 2–3 Zyklen pro Sekunde verlangsamen, ist das Delta-Stadium erreicht. Vermutlich schlafen Sie nun tief, traumlos und erholsam, und je geringer die Frequenz der Gehirnwellen, desto tiefer Ihr Schlaf. Aber lassen Sie die Wellen ja nicht auf null absinken – diese Frequenz bedeutet den Hirntod.

Wenn ich **Kopfschmerzen** habe,
fühlt es sich manchmal so an,
als würde mir gleich der **Schädel platzen.**
Kommen diese wahnsinnigen **Schmerzen**
vom **Gehirn?**

Tatsächlich kann Ihr Gehirn gar keinen Schmerz fühlen. Würde ein Neurochirurg mit seinem Skalpell daran herumsäbeln, würden Sie auch ohne Narkose nicht das Geringste spüren. Tatsächlich werden Gehirnoperationen zuweilen am wachen

Patienten durchgeführt, und indem der Chirurg Fragen stellt – zum Beispiel: Können Sie klar sehen oder hören? –, kann er feststellen, in welchem Abschnitt des Gehirns er sich gerade befindet. Die Natur hat dafür gesorgt, dass unser Gehirn durch den Schädel sicher geschützt wird, damit es nicht wie andere Körperteile Druck oder Schmerz empfindet. Und wenn Sie Kopfschmerzen haben, bedeutet das nicht, dass Ihr Gehirn wehtut.

Stellen Sie sich stattdessen den Kopfschmerz als Signalflagge vor, die Ihnen mitteilen will, dass irgendetwas irgendwo in Ihrem Körper nicht in Ordnung ist. Es kann Hunger sein oder ein Kater, Müdigkeit oder ein muskuläres Problem. Diese Auslöser reichen, um Warnsignale ans Gehirn zu schicken. Meistens bewirken diese Signale, dass sich die Blutgefäße um das Gehirn erweitern. Während sie anschwellen, schicken sie Schmerzsignale ans Gehirn, und dies führt sowohl zu den Kopfschmerzsymptomen als auch zu einem Gefühl des Schädeldrucks.

Manchmal bekomme ich
Kopfschmerzen, wenn ich
ein großes Stück **Eis esse.**
Was passiert da?

Man sollte meinen, es wäre einfach, für dieses bekannte Phänomen eine Erklärung zu finden, aber die Wissenschaft hat uns noch keine endgültige Antwort liefern können. Einig sind sich die Forscher einzig darin, dass jeder Mensch ab und zu davon betroffen ist, ohne dass es eine Krankheit ist. Man nimmt an, dass die Kälte Reize auf die Nebenhöhlennerven ausübt, die direkt unter dem Stirnknochen liegen; von dort ist es nur ein kurzer Weg zu den Nervenbahnen, die direkt mit dem Schmerzzentrum im Gehirn verbunden sind; und von dort strahlt der Kopfschmerz aus. Die Nebenhöhlen sind überaus empfindlich gegen Kälte. Es kann richtig weh-tun, aber es dauert nie lange. Nehmen Sie beim nächsten Eis kleinere Stücke!

Ich habe gehört, dass **Gehirnzellen nicht nachwachsen** – wenn sie absterben, kommen keine mehr nach. Ist das der Grund, warum wir **im Alter** manchmal **nicht** mehr so **klug** sind?

Das gesamte Nervensystem wird ausgebildet, während Sie sich in der Gebärmutter befinden, so viel ist richtig, und ein zweites bekommen Sie Ihr Leben lang nicht mehr. In den neun Monaten vor Ihrer Geburt wachsen in jeder Minute unglaubliche 2,5 Millionen Neuronen, und diese müssen rei-chen, weil Sie keine neuen mehr bilden können. Natürlich wächst später auch das Gehirn mit, aber nicht, weil Sie mehr Neuronen produzieren – es sind nur die bereits vorhande-nen, die größer werden. Je mehr Sie Ihre Muskelzellen trai-nieren, desto größer werden diese – und dasselbe gilt auch für die Nervenzellen des Gehirns.

Es gibt jedoch nichts, was Sie gegen den Verlust Ihrer Neuronen tun können. Sobald Sie aus dem Teenageralter heraus sind, beginnen diese abzusterben, und Sie verlieren bis zu fünfzigtausend pro Tag. Wenn Sie Mitte achtzig sind, haben Sie 10 Prozent von ihnen verloren. Sie können den Folgen aber entgegenwirken, weil auch Neuronen trainiert werden können und zusätzliche Verbindungen mit anderen Neuronen eingehen, wenn man sie dazu ermutigt. Behan-deln Sie Ihr Gehirn wie einen Muskel, und halten Sie es fit.

Manchmal wird man **»Eierkopf«** genannt,
weil man etwas gemacht hat,
das einen **klüger** erscheinen lässt
als die anderen. Ist so ein **großer,
runder Kopf** ein Zeichen,
dass ein Mensch **besonders klug** ist?

Überhaupt nicht. Es hat nicht den geringsten Einfluss, wie
groß ein Gehirn ist, wie wir an Einstein gesehen haben (siehe
oben). Ihr Gehirn könnte so groß sein wie eine Badewanne, trotzdem wären Sie nicht klüger als jemand mit einem
Gehirn von der Größe eines Spülbeckens. Intelligenz hängt
von der Menge der Verbindungen ab, die die Gehirnzellen
miteinander eingehen, die Größe des Gehirns spielt dabei
wirklich keine Rolle.

Ich habe gehört, dass unser **Gehirn**
eigentlich aus **zwei Teilen** besteht,
die Seite an Seite sitzen und **verschiedene
Arbeiten** verrichten. Stimmt das?

Wenn Sie es so sehen wollen, dann haben wir zwei Gehirne,
die rechte Hälfte und linke Hälfte genannt werden. Die Wissenschaft jedoch ist der Auffassung, dass es nur ein Gehirn
mit einem langen Balken dazwischen ist, und jede Hälfte ist
durch dicke Nervenstränge mit der anderen verbunden. Die
beiden Gehirnhälften sind für verschiedene Aufgaben verantwortlich. Die linke Hälfte kontrolliert Lesen, Schreiben
und Mathematik sowie die Sprache. Alles, was mit logischem
Verhalten oder Denken zu tun hat, fällt in den Aufgabenbereich der linken Hälfte. Die rechte Hälfte hingegen bestimmt,
wie man Dinge sieht und bewertet. Hier hat die Intuition ih-

ren Sitz – einer der Gründe, warum die rechte Gehirnhälfte als kreative Seite angesehen wird.

Wenn Ihr Gehirn von der linken Hälfte dominiert wird, tendieren Sie dazu, Wissenschaftler, Richter, Banker oder Bibliothekar zu werden, weil Sie methodisches Denken bevorzugen. Menschen mit Dominanz der rechten Gehirnhälfte sind eher gut in Sport und Kunst, schreiben Romane und lieben Katzen (aus gutem Grund).

Einigen Untersuchungen zufolge dominiert bei Männern eher die rechte Hälfte, bei Frauen hingegen die linke (siehe auch graue Masse, unten). Stoff genug für Diskussionen.

Wie **schnell** ist das menschliche **Gehirn?** Kann man seine Leistung in **Megahertz** messen wie bei einem **Computer?**

Der Vergleich hinkt. Das menschliche Gehirn und der Computer funktionieren auf völlig unterschiedliche Weise. Ein Computer denkt linear, er nutzt seine Prozessoren, um mehrere Vorgänge auf einmal zu bearbeiten. Ein Teil seiner Schnelligkeit stammt aus seiner Fähigkeit, sein gewaltiges Gedächtnis zu nutzen. Das Gehirn hingegen enthält gewaltige Mengen – Milliarden – von Neuronen (die menschliche Spielart der Prozessoren), die untereinander verbunden sind und miteinander arbeiten und auf diese Weise die Funktionen des Gehirns sicherstellen, anders als der Computer, der methodisch und der Reihe nach seine Aufgaben abarbeitet, wenn auch unglaublich schnell. Dies ist der Grund, warum das Gehirn zum Beispiel so schnell Objekte, Farben oder Geräusche erkennen kann, wohingegen ein einfacher Taschenrechner Addition und Multiplikation ungleich schneller ausführen kann als ein Gehirn. Das Gehirn und der Computer sind absolut unterschiedliche Werkzeuge.

Aber unser **Gehirn** besitzt doch
Speicherkapazität. Kann man deren
Größe nicht **ausrechnen?** Mein Computer
hat eine 50-Gigabyte-**Festplatte.**
Und mein Gehirn?

Dies ist eine der Fragen, auf die es keine Antwort gibt, weil sie zu unterschiedliche Dinge miteinander vergleichen. In einem Computer wird die Information an gesonderten Plätzen aufbewahrt, während das Gehirn Vernetzungen zwischen seinen Neuronen herstellt, die benötigt werden, um seine vielfältigen Aufgaben durchzuführen. Beim Computer ist es also vergleichsweise einfach, den Speicher zu messen, weil man nur die verschiedenen Orte zusammenzählen braucht und sie in Bytes misst. Das Gehirn hingegen scheint seine Arbeit ständig veränderten Anforderungen anzupassen. Mit anderen Worten: Man kann seine Informationseinheiten nicht zählen und folglich seine Kapazität nicht in einer Maßeinheit ausdrücken.

Jemand hat mir mal gesagt, dass wir das
größte Gehirn von **allen Lebewesen**
auf diesem **Planeten** haben. Das kann
doch nicht stimmen, oder?

Nicht so ganz, aber ich kann mir schon denken, woher die Verwirrung stammt. Ohne Zweifel ist es der Blauwal, das größte Geschöpf unseres Planeten, der das schwerste Gehirn besitzt. Dieses Gehirn wiegt über sechs Kilo und kontrolliert einen Körper, der so schwer ist wie fünfundzwanzig Elefanten. Wir sind im Vergleich dazu winzig, aber das menschliche Gehirn ist im Verhältnis zu unserem Gewicht größer als das von irgendeinem anderen Lebewesen der Erde – und das ist der Grund, warum wir die Herren der Welt sind und nicht die Blauwale.

Wie lange kann das Gehirn überleben, wenn es nicht ausreichend mit Sauerstoff versorgt wird?

Nicht sehr lange. Die genaue Zeitspanne hängt natürlich von einer ganzen Reihe unterschiedlicher Faktoren ab, aber Sie können sich darauf gefasst machen, dass Ihre Nervenzellen bereits nach zehn Minuten Sauerstoffmangel beträchtlichen Schaden erlitten haben. Deshalb sind Ärzte so darauf bedacht, dass Unfallpatienten als Erstes beatmet und ausreichend mit Sauerstoff versorgt werden, bevor sie weitere Behandlungsmaßnahmen erwägen.

Das Gehirn ist ein sauerstoffhungriges Tier und verbraucht 20 Prozent des Sauerstoffs, den wir einatmen.

Warum wird das Gehirn als »graue Masse« bezeichnet?

Teile des Gehirns, ungefähr 40 Prozent, sind grau, die restlichen 60 Prozent weiß. Frauen haben kleinere Gehirne als Männer, aber mehr graue Masse. Die graue Masse führt die Verarbeitungsprozesse durch, die weiße Masse ist für die Weiterleitung und Verteilung von Informationen verantwortlich. Obwohl es ein bisschen fragwürdig ist, Parallelen zwischen dem menschlichen Gehirn und dem Computer zu ziehen, könnte man sagen, dass die graue Substanz die Aufgabe der Mikrochips wahrnimmt, während die weiße Masse der Schaltkreis ist, der alle Chips miteinander verbindet.

Man nimmt an, dass das unterschiedliche Verhältnis von grauer zu weißer Masse in Männer- und Frauengehirnen dafür verantwortlich ist, dass Frauen häufig besser kommunizieren können, während Männer über bessere räumliche Wahrnehmung verfügen. Dies könnte der Grund sein, warum Männer den Stadtplan studieren müssen, während Frauen erklären können, wie es überhaupt dazu kommen konnte, dass man sich verfahren hat. Neue Forschungen haben ergeben, dass die Menge an weißer Masse in unserem Gehirn auch auf unsere Fähigkeit zu Lüge und Täuschung Einfluss haben kann. Da ein erfolgreicher Schwindel ausgeklügelte Denkprozesse erfordert, glauben die Wissenschaftler nun, dass die weiße Masse den Grundstoff darstellt, der Lügnern zu schnellerem Denken verhilft, denn je mehr weiße Masse im Gehirn vorhanden ist, desto schneller können die Verbindungen zwischen den Prozessoren in der grauen Masse hergestellt werden. Der Instinkt für gutes Benehmen und Wahrheitsliebe findet sich ebenfalls in der grauen Masse, und Gewohnheitslügner haben im Allgemeinen weniger Anteile grauer Masse, was ihr Problem noch verschlimmert.

Die graue Masse ist ein hungriges Zeug: Sie benötigt 94 Prozent des Sauerstoffs, der dem Gehirn zugeführt wird!

Meine Mutter pflegte immer zu sagen, dass **Brotkrusten lockiges Haar** machen und dass **viel Fisch** gut fürs **Gehirn** ist. Stimmt das?

Es könnte durchaus einige Speisen geben, die gute Gehirnnahrung sind, und Fisch gehört auf jeden Fall dazu, besonders fettsäurereiche Fische wie Thunfisch, Hering oder Makrele. Die wichtigste Gehirnnahrung ist jedoch der stetige Nachschub an Traubenzucker, und wenn Sie zum Beispiel (gewohnheitsmäßig) das Frühstück ausfallen lassen, kriegen Sie nie den Kickstart, den Ihr Gehirn braucht, um sich für die anstehenden Aufgaben des Tages zu wappnen. Untersuchungen haben ergeben, dass Kinder, die kein Frühstück bekommen, Leistungsausfälle in der Schule zeigen. Aber passen Sie auf, welche Art Traubenzucker Sie zu sich nehmen! Limonade und Schokoriegel sind keine gute Alternative zu »anständigem Essen« wie Eiern oder Getreideprodukten. Besonders gut sind Eier, weil sie die Produktion von chemischen Stoffen fördern, die den Informationsaustausch zwischen den Neuronen verbessern. Fastfood verschafft Ihnen nicht nur zusätzliche Pfunde, sondern beeinträchtigt auch die Intelligenz: In einem Experiment zeigten Ratten, die nur solches Essen bekamen, wesentlich größere Probleme, aus einem Labyrinth herauszufinden, als Ratten, die normale Nahrung erhielten. Es stimmt also, dass es Nahrungsmittel gibt, die schlauer machen. Was aber die Sache mit den Brotkrusten angeht, darauf ist die Wissenschaft bis heute eine Antwort schuldig geblieben.

II. Können Sie
   mir vielleicht
erklären …?

Stellen Sie sich vor, Sie stehen an der **Ampel** und schauen in den **Rückspiegel.** Da sehen Sie ein **Auto von hinten** heranpreschen. Der Fahrer hat die **Ampel** wohl **nicht gesehen.** Gleich wird er Sie **rammen!** Ist es in dem Fall besser, mit dem Fuß **auf der Bremse** zu bleiben oder sie **loszulassen?** Oder spielt es keine Rolle, was man tut?

Ich persönlich stimme dafür, den Fuß von der Bremse zu nehmen.

Schäden werden durch Aufprall verursacht, denn wenn ein Objekt auf ein anderes trifft, muss der Schwung des ersten Objekts auf null reduziert werden. Dies kann eine längere oder eine kürzere Zeitspanne in Anspruch nehmen.

Die Veränderung des Schwungs ist das Produkt aus Kraft und Zeit während der Kräfteeinwirkung auf das Objekt. Wirkt die Kraft kurz ein, so ist der Aufprall heftig, dauert der Aufprall länger, so verringert sich die dabei ausgeübte Kraft. Vergleichen Sie es mit Auf- und Abhüpfen: Wenn Sie hochspringen und beim Herunterkommen die Knie beugen, verlängern Sie die Zeitspanne des Aufpralls, und er erfolgt ohne Schmerz. Wenn Sie jedoch mit durchgestreckten Knien wieder auf den Boden kommen, endet der Sprung abrupt, und es tut weh. Nehmen Sie also den Fuß von der Bremse, um den Aufprall zu mildern.

Warum haben **Golfbälle** Dellen?

Diese Dellen oder »Dimpel« erzeugen Turbulenzen um den Golfball; fehlten sie, würde hinter dem Ball ein Strudel entstehen, der ihn nach hinten zieht und langsamer macht. Bälle mit Dellen fliegen schneller.

Außerdem muss man die Bernoulli-Gleichung in Betracht ziehen: Stellen Sie sich vor, ein Ball fliegt von rechts nach links an Ihnen vorbei. Seine Dellen fangen die Luft ein, und wenn der Ball sich im Uhrzeigersinn dreht, beschleunigen die Vertiefungen den Luftstrom an der Oberseite (da sie sich mit ihm drehen), während jene an der Unterseite sich ihm entgegendrehen und die Geschwindigkeit verlangsamen. Die Bernoulli-Gleichung besagt, dass ein beschleunigter Luftstrom an Druck verliert. Folglich entsteht an der Oberseite des Balls ein geringerer und an der Unterseite ein erhöhter Druck. Dadurch entsteht Auftrieb! Wenn Sie es schaffen, bei einem Ball eine Drehung entgegen dem Uhrzeigersinn zu erzeugen, wie es Tennisspieler vermögen, erhöht sich der Druck an der Oberseite und verringert sich an der Unterseite, und der Ball erhält Spin.

Wenn man mit einem **Hubschrauber** in die Höhe steigt und lange an einer Stelle **schwebt,** während sich die **Erde** unter einem **weiterdreht** – kann man dann nicht eine beträchtliche **Entfernung** zurücklegen, **ohne** sich mit dem Helikopter vom Fleck **bewegen** zu müssen?

Sie glauben *ernsthaft*, es wäre möglich, so lange über London zu schweben, dass Sie irgendwann in Paris landen können? Sicher, die Erde dreht sich, und Newton dreht sich auch – nämlich im Grabe um, wenn er hört, wie wenig Sie von seinem Gesetz der Energieerhaltung verstanden haben.

Selbst wenn Sie, versehen mit einem gewaltigen Treibstoffvorrat, mit Ihrem Helikopter aufstiegen, könnten Sie niemals in den Orbit gelangen. Während Sie auf der Oberfläche der Erde stehen, die am Äquator mit einer Geschwindigkeit von 530 km/h rotiert, unterliegen Sie dem Drehimpuls und der Massenanziehung, weil Sie ja in Kontakt mit der Erde sind. Diese Anziehung bleibt nach den Newton'schen Grundsätzen stets erhalten. Mit anderen Worten: *Die Trägheit eines Körpers wird weder erzeugt noch gestoppt, sondern nur durch die Einwirkung einer Kraft verändert, wie Newton es in seinem Bewegungsgesetz niedergelegt hat.* Sie können der Trägheit Ihres Körpers (der Anziehungskraft der Erde) nicht einfach dadurch entgehen, dass Sie in die Luft springen – wenn Sie es nachprüfen wollen, dann hüpfen Sie mal, immer auf demselben Fleck. Bewegt sich die Erde unter Ihnen? Landen Sie immer auf derselben Stelle? Aber sicher tun Sie das.

Dasselbe geschieht mit dem Hubschrauber, der ja ebenfalls ein Körper ist, der dem Drehimpuls und der Massenanziehung unterliegt und in diesem Zustand der Ruhe oder gleichförmigen Bewegung verharrt, es sei denn, eine Kraft würde auf ihn einwirken. Wenn Sie Ihren Helikopter bewegen wollen, müssen Sie schon den Motor anwerfen und eine andere Kraft einwirken lassen – dann können Sie vorwärts fliegen. Aber wenn Sie nur auf der Stelle dümpeln, kommen Sie nirgendwohin.

Wenn eine **Biene** sich in einen **Bus** verirren
und im **vorderen Bereich** herumsurren
und der Bus sich **in Bewegung** setzen
würde – würde die Biene dann **vorn bleiben**
oder **nach hinten** geschleudert werden?

Wenn der Bus plötzlich beschleunigt, wird ja nicht die ganze
Luft im Bus nach hinten gedrückt, nicht wahr? Das liegt daran,
dass nicht nur der Bus beschleunigt, sondern die in ihm enthaltene Luft die gleiche Beschleunigung erfährt, und deshalb
verändert sich die relative Bewegung zwischen beiden nicht.
Die Biene schwebt in der im Bus enthaltenen Luft und wird
weiter darin schweben. Da sich die Luft im Bus relativ zum
Bus nicht bewegt, wird die Biene am selben Platz bleiben.

Könnte ich nicht mein **Gewicht**
scheinbar **vermindern**, wenn ich
nur mit **einem Fuß** auf der **Waage**
stünde statt mit **beiden?**

Nur einen Fuß auf die Waage zu setzen, ist keine Lösung für
das Problem mit den leidigen Pfunden.
   Gewicht ist eine Maßeinheit von Kraft, und Kraft lässt sich
in diesem Fall als Druck x Fläche ausdrücken. Wenn Sie also
statt mit zwei Füßen mit einem Fuß auf der Waage stehen,
ist zwar die Fläche, die in Kontakt mit der Waage kommt,
verringert, der Druck auf diese Fläche hat jedoch proportio-
nal zugenommen. Die Kraft – Ihr Gewicht – bleibt folglich
dieselbe.

Wenn ich meine **Füße** auf **zwei Waagen** stelle, ist es dann möglich, mein **Gewicht** zu **verändern,** indem ich von einem Fuß auf den anderen trete?

Wenn Sie zwei Waagen haben und auf jede einen Fuß stellen, hängt das Gewicht, das jede Waage anzeigt, von der Fläche ab, die Ihr Fuß bedeckt, und dem Druck, der auf die Waagen ausgeübt wird – beide Gewichte zusammengenommen sollten jedoch Ihr Gesamtgewicht ergeben. Wenn dem nicht so ist, dann liegt es an einem durch den Mechanismus der Waagen bedingten Gewichtsverlust und nicht daran, dass an dem Prinzip etwas nicht stimmt. Probieren Sie es aus.

Wer sich nicht blamieren möchte,
braucht dieses Buch

Bernd Ingmar Gutberlet
DIE 50 GRÖSSTEN
LÜGEN UND LEGENDEN
DER WELTGESCHICHTE
Sachbuch
272 Seiten
ISBN 978-3-404-64237-3

Von der biblischen Sintflut bis in die jüngste Vergangenheit geht Bestseller-Autor Bernd Ingmar Gutberlet fünfzig ausgewählten Lügen und Legenden auf den Grund, die sich bis heute hartnäckig in der öffentlichen Meinung halten. Überprüfen Sie sich selbst:

Was wissen Sie wirklich über Atlantis und Kleopatra, über die Konstantinische Schenkung und die Entdeckung Amerikas?

Und was ist dran an den Gerüchten über die Hollywood-Inszenierung der ersten Mondlandung?

»Pointiert vorgetragene, vielseitige Sammlung mit Erkenntnisgewinn und großem Unterhaltungswert«   LITERATURE.DE

Bastei Lübbe Taschenbuch

WWW.LESEJURY.DE

WERDEN SIE LESEJURYMITGLIED!

Lesen Sie unter www.lesejury.de die exklusiven Leseproben ausgewählter Taschenbücher

Bewerten Sie die Bücher anhand der Leseproben

Gewinnen Sie tolle Überraschungen